疯狂恐龙时代

Dinosaur Encyclopedia

第一卷

张玉光◎主编

吉林出版集团股份有限公司

图书在版编目(CIP)数据

疯狂恐龙时代：1-3 / 张玉光主编. — 长春：吉林出版集团股份有限公司，2022.1（2023.3重印）

ISBN 978-7-5731-1036-7

Ⅰ. ①疯… Ⅱ. ①张… Ⅲ. ①恐龙—儿童读物 Ⅳ. ①Q915.864-49

中国版本图书馆CIP数据核字（2021）第259688号

主　　编	张玉光
出版策划	齐　郁
选题策划	郝秋月
项目执行	赵晓星
责任编辑	金佳音
出　　版	吉林出版集团股份有限公司 （长春市福祉大路 5788 号，邮政编码：130118）
发　　行	吉林出版集团译文图书经营有限公司 （http://shop34896900.taobao.com）
电　　话	总编办 0431- 81629909　营销部 0431- 81629880 / 81629881
制　　作	日知图书（www.rzbook.com）
印　　刷	文畅阁印刷有限公司
开　　本	720mm × 787mm 1/12
印　　张	18（全三卷）
字　　数	200 千字（全三卷）
版　　次	2022 年 1 月第 1 版
印　　次	2023 年 3 月第 2 次印刷
书　　号	ISBN 978-7-5731-1036-7
定　　价	128.00 元（全三卷）

序言

恐龙，来自中生代的古老爬行动物，它们曾在漫长的历史中称霸地球。它们生存的年代距离我们是那样久远，以至于给我们留下的印象总是那么凶猛、可怕，从“霸王龙”“魔鬼龙”这样的名字便可见一斑。但恐龙究竟是什么样的呢？其实直到今天也很难说清楚。尽管从未真正与恐龙面对面，但人们对恐龙的好奇和热情却从来没有褪去。有关恐龙的故事一直在讲述，而且越来越生动、精彩。

作为从事古生物学研究的专业人员，我一直惊叹于各种各样的恐龙科普图书层出不穷，但目前市面上的许多此类图书都让人读着不够过瘾，内容质量也良莠不齐——有的表述不够专业，甚至有误导之嫌；有的缺少文采，读起来甚是乏味；有的求全图大，却没有突出的重点；还有的译自外语，用词晦涩，不知所云……也许这样的读物只把恐龙当成了满足猎奇心理的文艺形象，对恐龙的讲述只停留在表面，却让读者读后收获甚微。

于是，我萌生了自己编写一套恐龙科普读物的想法，这套书既要能满足读者的好奇心、保证内容具有较高的科学性和可读性，又要在内容编排和装帧设计上都体现出几许新意。我一直钟情于经典百科全书类的读物，这些书包罗万象，而且内容深入浅出，语言简洁又富美感，最重要的是，通过精巧独特的页面设计和精美的特写图片，读者可以欣赏到更多细节。

机缘巧合，恰逢北京日知图书有限公司联手吉林出版集团股份有限公司欲策划一套中国原创百科系列丛书，其中正有恐龙分册。这支专业的出版团队实力精锐、经验丰富，为我的文字创作增添了一份底气和信心——于是，这套《疯狂恐龙时代》就摆在你眼前啦！书中的语言通俗易懂，故事优美动人，人文情怀贯穿始终，图文呼应、情景相扣，相信它会带你在遥远而神秘的中生代恐龙世界中酣畅淋漓地遨游一番。

在本书付梓之际，我谨以自序为这场即将开启的时空旅行拉开序幕，愿你旅途愉快，读得开心！

张玉光

目录

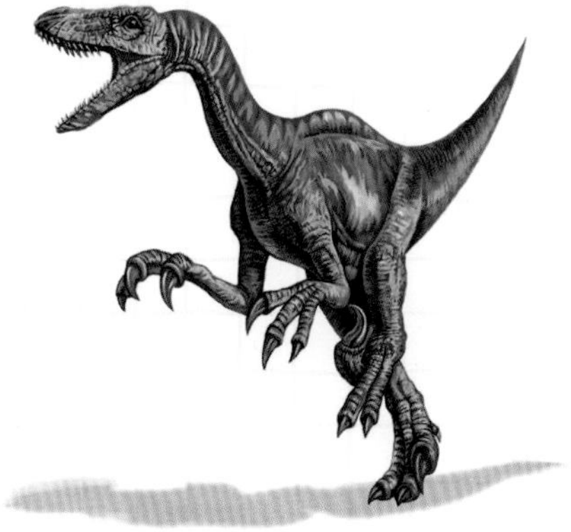

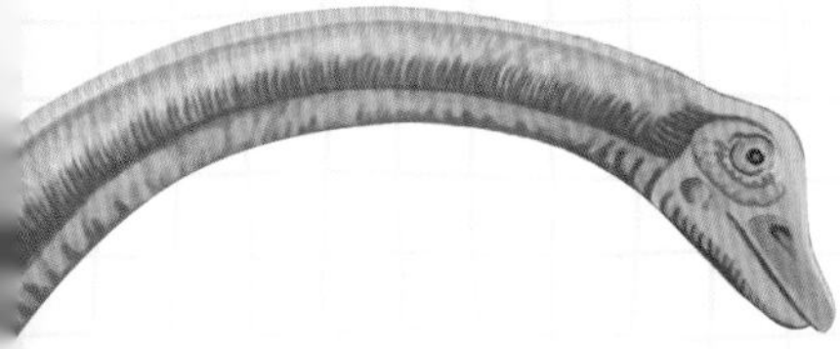

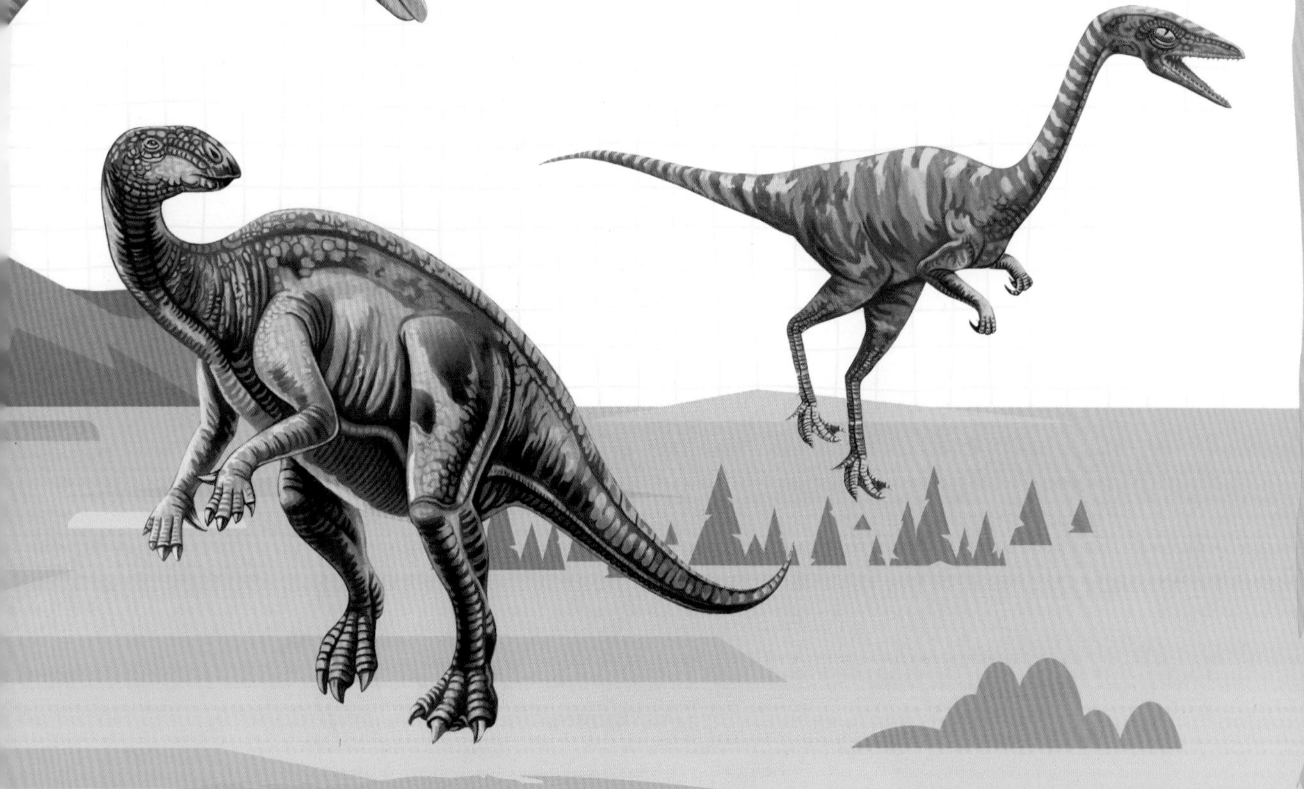

CHAPTER

第一章

史前世界什么样

在恐龙称霸地球之前，这个星球发生过各种各样关于生命、死亡和演化的故事。大约在2.5亿年前，地球上发生了一场生物大灭绝事件，那时生存在地球上的物种有90% ~ 95%都从地球上消失了。幸存下来的生命形态后来进化成了恐龙，主宰了这个星球。

地球成长史

地球已经46亿岁了，在过去的46亿年中，地球上发生了很多人所未知的故事。那么在人类出现之前，这个世界发生了些什么?

约160万年前

现代

第四纪

约2.98亿年前

二叠纪

地质年代

地球上各种地质事件发生的时代被科学家称为“地质年代”。地质年代常用的最大单位是“代”，从早到晚的时间顺序依次为古生代、中生代和新生代。古生代又分为寒武纪、奥陶纪、志留纪、泥盆纪、石炭纪、二叠纪；中生代又分为三叠纪、侏罗纪和白垩（è）纪；新生代则分为古近纪、新近纪和第四纪。

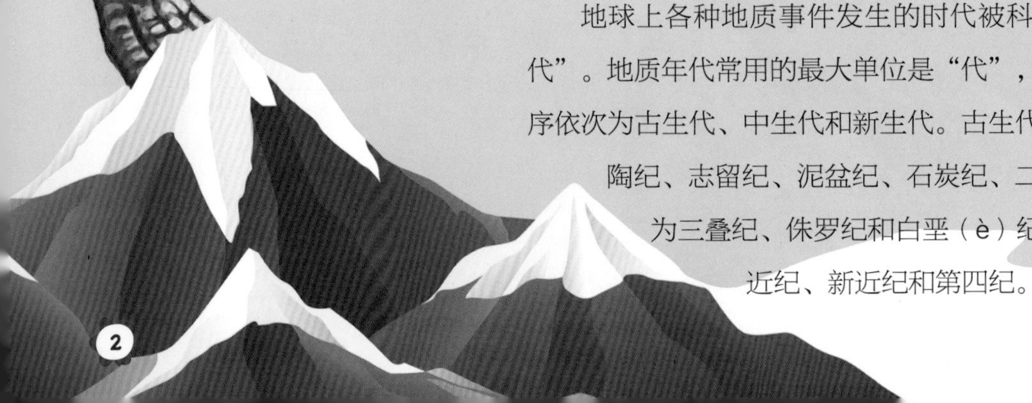

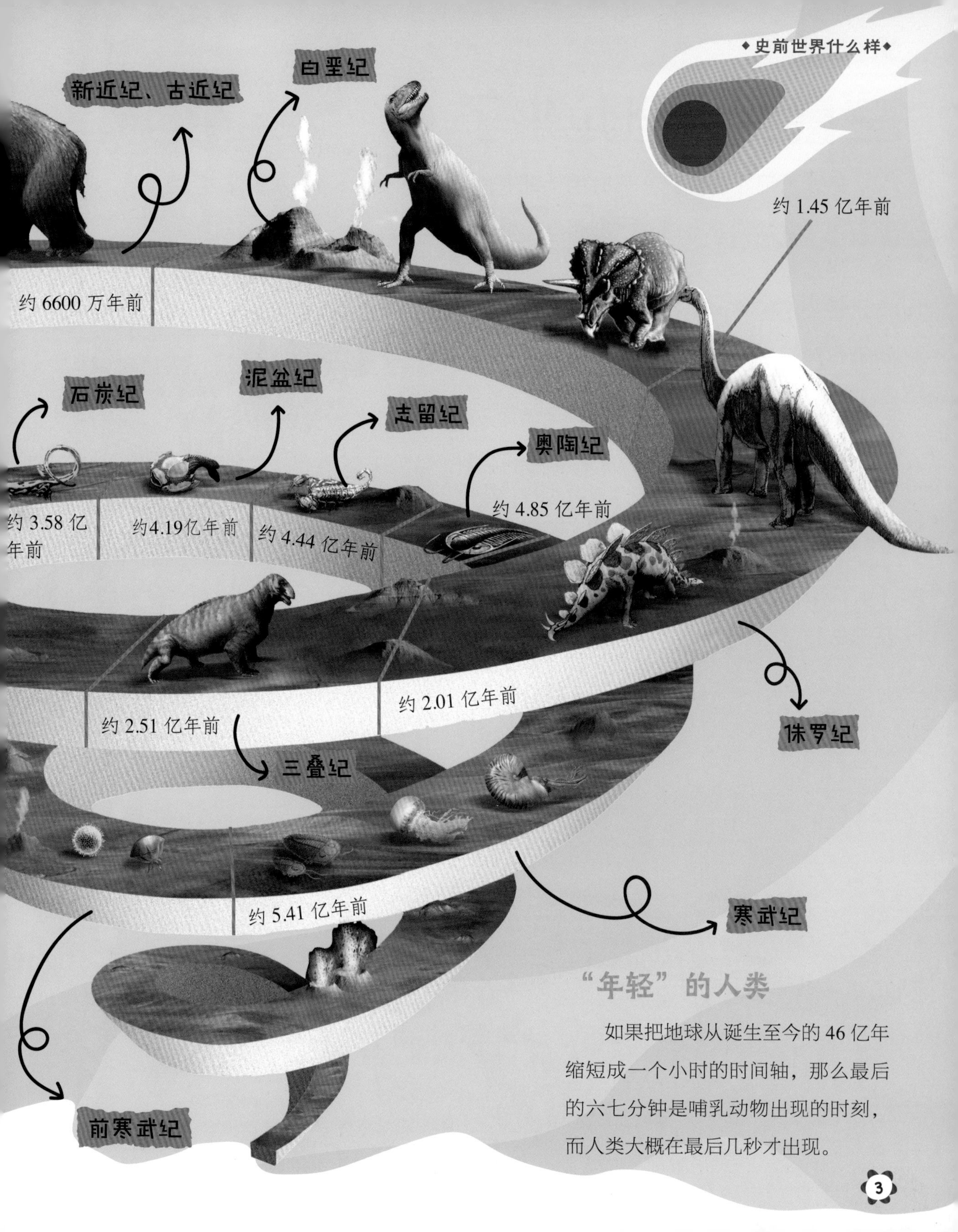

“年轻”的人类

如果把地球从诞生至今的 46 亿年缩短成一个小时的时间轴，那么最后的六七分钟是哺乳动物出现的时刻，而人类大概在最后几秒才出现。

三叠纪，恐龙来了

恐龙出现在三叠纪，那时的地球是爬行动物的天下，陆地、海洋、天空都属于它们。地球上满是蕨（jué）类、裸（luǒ）子植物，还没有出现被子植物。现在占据统治地位的动物和植物在那时都还没有出现。

燥热的气候

科学家经过研究推测，恐龙出现的时候，赤道从地球上当时唯一的一块大陆——泛大陆中间穿过，陆地的大部分都是被太阳直射的。可以想象，那时整个大陆都和今天的赤道地带一样炎热，甚至可能更热。那时候大陆上的沙漠也远比现在多。

板龙是生活在三叠纪的恐龙，它是目前已知的地球上最早的巨型恐龙。

板龙的身体可以长到6米～8米，相当于一辆中巴车的长度。

板龙可是一种温柔的植食性恐龙。

我是牙齿像剃刀一样锋利的高棘龙。

三叠纪爬行动物

三叠纪晚期称霸地球的爬行动物除了恐龙，还有海洋爬行动物和飞行爬行动物。海洋爬行动物的代表是蛇颈龙，飞行爬行动物的代表是翼龙。

侏罗纪，恐龙的繁荣时代

在侏罗纪时代，恐龙可是“地球大派对”的第一主角。

侏罗纪时期，气候变得湿润，出现了许多新的植物，这为植食性恐龙提供了丰富的食物。因此，恐龙家族也呈现出蓬勃发展的态势，并迅速成为地球的统治者。在侏罗纪晚期，最早的鸟类出现了，哺乳动物也开始繁衍。

气候

侏罗纪时期的地球也有热带、亚热带和温带的区别，只不过区别不太明显。那时候地球的整体气候比现在温暖和均衡。

蕨类植物

植物

茂密的松柏类、苏铁类、银杏类和乔木状的羊齿类植物分布各处，木贼等蕨类植物则覆盖着地表。

侏罗纪时期的恐龙

侏罗纪时期，气候温暖湿润，恐龙既有丰富的食物资源，又没有生存的竞争对手，于是迅速成为地球的统治者，进入发展的鼎盛时期。除了陆地上身材巨大的雷龙、梁龙等恐龙外，水中的鱼龙和飞行的翼龙等爬行动物也不断发展和进化着。

白垩纪，恐龙大发展

白垩纪是恐龙大发展的时期，恐龙家族达到了前所未有的繁盛阶段。可是，到了白垩纪末期，恐龙却突然灭绝了。

这具霸王龙骨架标本现藏于美国自然历史博物馆，类似的霸王龙化石数量很少，是非常珍贵的恐龙研究资料！

雄视天下——霸王龙

有史以来陆地上最大的肉食动物——霸王龙就出现在白垩纪晚期。它的牙齿非常锋利，有15厘米长，体重相当于3头亚洲象的重量。古生物学家曾经通过霸王龙骨骼化石横截面上的生长纹来判定它死亡时的年龄，这和用年轮确定树龄的方式很相似。

幸存者——龟类

龟类在 2 亿年前就已出现，是与恐龙同时代的动物。可是，生物大灭绝并没能将它淘汰。在漫长的世纪更迭中，龟类为了生存的需要，有的迁入大海，有的深居内陆，有的栖（qī）居江河。经过自然选择，龟类分化成了包括海龟科、陆龟科在内的一个大种群。

植食者——角龙

与霸王龙同处一个时代的恐龙很多，植食性的角龙类就是其中一大家族，以三角龙最为著名。在三角龙的额头上，生长着两只 1 米长的尖角，还有一只角长在鼻子部位，短而厚重。角龙类都长着又大又重的颈盾，能起到保护作用。

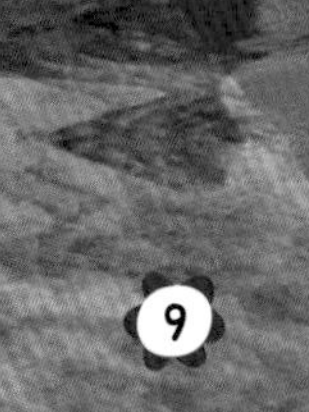

恐龙的灭绝

恐龙在白垩纪末期突然销声匿迹，它的灭绝是地球生命史上的最大悬案。自 20 世纪 70 年代以来，各种有关恐龙大灭绝的理论和假设纷纷出现，人们展开了一场规模空前的大讨论。

自我毁灭说

有人认为，恐龙灭绝是因为肉食性恐龙吃完了所有的植食性恐龙，结果它们也全部饿死了；还有人认为是恐龙种群的退化导致了它们的灭绝。

气候变化说

白垩纪晚期，气候剧变。大量恐龙因为不适应寒冷的气候而死亡。温度变化还可能导致孵化出来的小恐龙是同一性别，致使种群不能继续繁衍。

火山爆发说

白垩纪晚期，火山活动十分剧烈，火山喷发形成的酸雨使大气中能够阻隔辐射的臭氧层出现了大面积空洞，恐龙和无数生物都死于太阳辐射。

小行星撞击说

一颗直径达 15 千米的小行星撞击了地球，扬起的巨量尘埃和水蒸气遮蔽了阳光，导致了地球上大量植物、动物死亡，其中也包括恐龙。

第二章

恐龙家族大调查

恐龙统治了地球1.65亿年，今天几乎每块大陆上都曾经存在过恐龙。至今为止，全世界被命名的恐龙一共有1000种左右，科学分类为2目7亚目57科350余属。

恐龙的分类

恐龙的分类有很多种依据，但是比较通用的一种是根据腰带（骨盆）形态构造的不同，将恐龙划分为蜥（xī）臀（tún）目和鸟臀目两大类。

蜥臀目恐龙（兽脚类、蜥脚类、基干蜥脚类）

兽脚类恐龙大多数是肉食性恐龙。它们多为两足行走，趾端长有锐利的爪子，嘴里长着匕首一样的利齿，牙齿前后缘长有锯齿。

埃雷拉龙科

它的身体结构比较原始，最显著的特征是脖颈比较短，支撑腰部的骨骼也比较细小。

典型代表：埃雷拉龙（黑瑞拉龙）

似鸟龙科

它的体形很像鸵鸟，依靠强有力的尾巴保持身体平衡。

典型代表：窃蛋龙

似鸟龙骨骼化石

驰龙科

它是凶残的猎杀者，有着强健的后肢，前肢长有锋利的爪子，喜欢成群结队地追杀猎物。

典型代表：恐爪龙

蜥脚类恐龙最明显的特征就是它们长长的脖子和像鞭子一样的长尾巴，可它们的脑袋却非常小。蜥脚类恐龙身长可超过30米，是陆生动物中的“大个子冠军”。

圆顶龙科

它有着庞大的体形且用四足行走，前后腿的长度几乎相同，脊背也接近水平。

典型代表：圆顶龙

腕龙科

它属于植食性的超大型恐龙，用强健的四肢行走，前腿较长、后腿较短，因此它腰部的高度比肩部要低一些。

典型代表：腕龙

看到这个名字，你可能就知道它和蜥脚类恐龙有什么联系了吧！一部分科学家认为，基干蜥脚类恐龙是蜥脚类恐龙的“祖先”。

基干蜥脚类恐龙生活在三叠纪末期到侏罗纪早期的全球各地。

典型代表：板龙、禄丰龙等

鸟臀目恐龙（鸟脚类、肿头龙类、角龙类、剑龙类、甲龙类）

鸟脚类恐龙大多用强壮的后肢奔跑，因为后足与鸟类似，所以得名鸟脚类。这类恐龙有的身长还不到 1 米，有的身长可达 15 米。

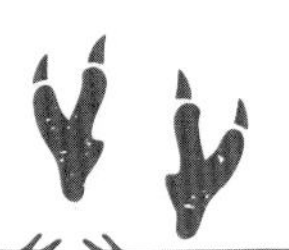

棱齿龙科

棱齿龙科恐龙是一类活跃于侏罗纪中、后期的中小型恐龙，它们前肢比后肢短小，善于蹦跳、奔跑，生活在森林和草原地带，过着群居的生活。

典型代表：棱齿龙

肿头龙类恐龙是一种奇特的鸟臀目恐龙，脑袋一般呈圆穹状。

肿头龙科

这类恐龙最显著的特征就是头顶骨骼非常坚固厚实，一般都向外隆起。

典型代表：肿头龙

角龙类恐龙基本都是植食性恐龙。

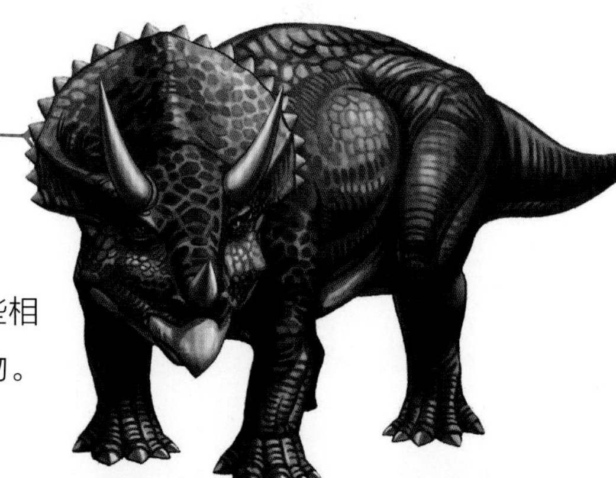

角龙科

它们大大的头上长有巨大的角，嘴部和鹦鹉的喙有些相似，颌（hé）部的肌肉强健有力，有利于咀嚼较坚硬的植物。

典型代表：三角龙

剑龙类

剑龙类恐龙身长 3 米 ~ 9 米，脑袋小，脖子短，背部弓起。大多数剑龙类恐龙是植食性恐龙。

剑龙科

剑龙科恐龙是背脊上竖立有两排骨板的恐龙。古生物学家经过研究发现：剑龙类恐龙背脊上的骨板内有血管贯通的痕迹，说明它们的骨板除了作为警示敌人的工具外，还极有可能用来调节体温。

典型代表：剑龙

甲龙类

甲龙类恐龙的身体上大多覆盖着厚厚的鳞片，背上有两排骨刺，头上有一对角。它们的四条腿都很短，脑袋呈扁平的三角形。

结节龙科

结节龙科恐龙是甲龙类中的一种恐龙，它们背上披着一层坚硬的铠甲，防御能力可以和现在的坦克相媲（pì）美。它们整个身体上布满了钉状的棘突，一副全身武装的战士模样。

典型代表：结节龙

甲龙科

甲龙科恐龙生活在白垩纪中、晚期。它们也披着一身铠甲，但比结节龙动作更灵活。它们的尾巴比较强健，末端长着骨质尾锤。甲龙类恐龙生活的时期，霸王龙等大型肉食性恐龙繁盛，甲龙的尾锤便是用来对付这些肉食性恐龙的。

典型代表：甲龙

恐龙的骨骼与肌肉

科学家根据恐龙骨架的构造特征来推测恐龙肌肉的具体位置，这样就可以大概了解它们的运动特点及整体的形态。虽然骨架的组成原理一样，但是不同种类恐龙的骨骼是有很大区别的。

骨骼

对那些体形小、行动迅速的恐龙来说，减轻重量、提升速度是最重要的，特别是在捕食或遭遇敌人袭击的时候。所以，这些恐龙的骨骼进化出了一种现代动物才具有的特征：薄壁长骨。这种骨骼外面是坚硬的组织，中间则是重量轻很多的骨髓。这样，这些恐龙就变得轻盈了许多，行动异常迅速，比如橡树龙。

肌肉

解剖（pōu）学家解读每一副恐龙骨架的特殊构造，推算出恐龙肌肉的具体位置、恐龙的运动属性和整体形态。

蜥脚类恐龙的身体构造

脊椎骨

腿部肌肉

粗壮的后肢

心脏

宽大的脚掌

恐龙皮肤的颜色

恐龙的皮肤到底是什么颜色的？是一种颜色还是五颜六色？我们都不得而知。虽然古生物学家发掘出了恐龙的皮肤化石，但是经过漫长的石化过程，颜色早已褪掉了。那么，恐龙皮肤的颜色是和我们今天看到的爬行动物一样，还是有它们独特的地方？

恐龙的不同颜色

今天的一些鸟类和蜥蜴具有一个特点，那就是雌雄颜色不同。我们可以由此推论：恐龙的皮肤颜色也有雌雄之别。雄性动物的颜色一般都明亮华丽，而雌性动物的颜色大多灰暗而且单一，这样可以避免暴露自己，能够更好地保护自己和幼崽。

始祖鸟

颜色的作用

科学家认为大多数恐龙都是会伪装的，它们皮肤上的颜色和花纹应该是和周围环境相吻合的。比方说，恐爪龙的皮肤就可能是灰黄色的，这样就可以与周围沙土和植物的颜色相似，不容易被发现。

有斑纹的恐龙

群居的植食性恐龙可能像斑马一样，长有很奇特的斑纹。当它们聚集在一起的时候，捕食者很难把个体从群体中找出来，这样可以帮助它们赢得逃跑的时间。

恐爪龙

棘龙

恐龙王国之最
——关于恐龙的惊人事实

在距今 2.25 亿至 0.66 亿年之间，恐龙统治了整个地球。在大约 1.6 亿年间，恐龙从最初的几个种类繁衍出几百个种类。那么在恐龙时代，各个恐龙家族创造了哪些纪录呢?

最小的恐龙

美颌龙曾被认为是最小的恐龙，最早被发现的美颌龙化石只有约 1 米长。但是，后来人们又陆续发现了小盗龙等几种体形更小的恐龙化石，有的身长甚至不足 1 米。或许，未来还会有更迷你的恐龙被发现。

最丑陋的恐龙

肿头龙在恐龙中是最难看的。它不仅秃顶，而且秃顶的四周还有成行成列的小瘤和小棘，如同肿瘤一样，以我们今天的眼光看，它就像正被某种可怕的疾病折磨着似的。

最“宽”的恐龙

甲龙是恐龙世界中的“坦克”，虽然它的身长不超过 10 米，但宽度已经达到约 5 米。所以，就身材比例来说，甲龙绝对是最“宽”的恐龙了。

跑得最快的恐龙

似鸟龙属可能是跑得最快的恐龙，其速度超过 70 千米 / 时。似鸸（ér）鹋（miáo）龙的奔跑速度也很快，能达到 65 千米 / 时。

爪子最大的恐龙

重爪龙是强壮的肉食性恐龙。它的爪子是迄今为止发现的最大的恐龙爪，仅外侧弧线就有 31 厘米长。

牙齿最多的恐龙

植食性的鸭嘴龙类大约有 2000 颗牙齿，这样惊人的牙齿数量，是其他任何一种恐龙都望尘莫及的。

最聪明的恐龙

就身体和大脑的比例来看，伤齿龙的大脑脑容量是最大的，而且它的感觉器官也非常发达，因而它被认为是最聪明的恐龙。

头冠最大的恐龙

鸭嘴龙类恐龙拥有恐龙中最大的头冠，其中以副栉（zhì）龙的头冠最长，差不多有 1 米。

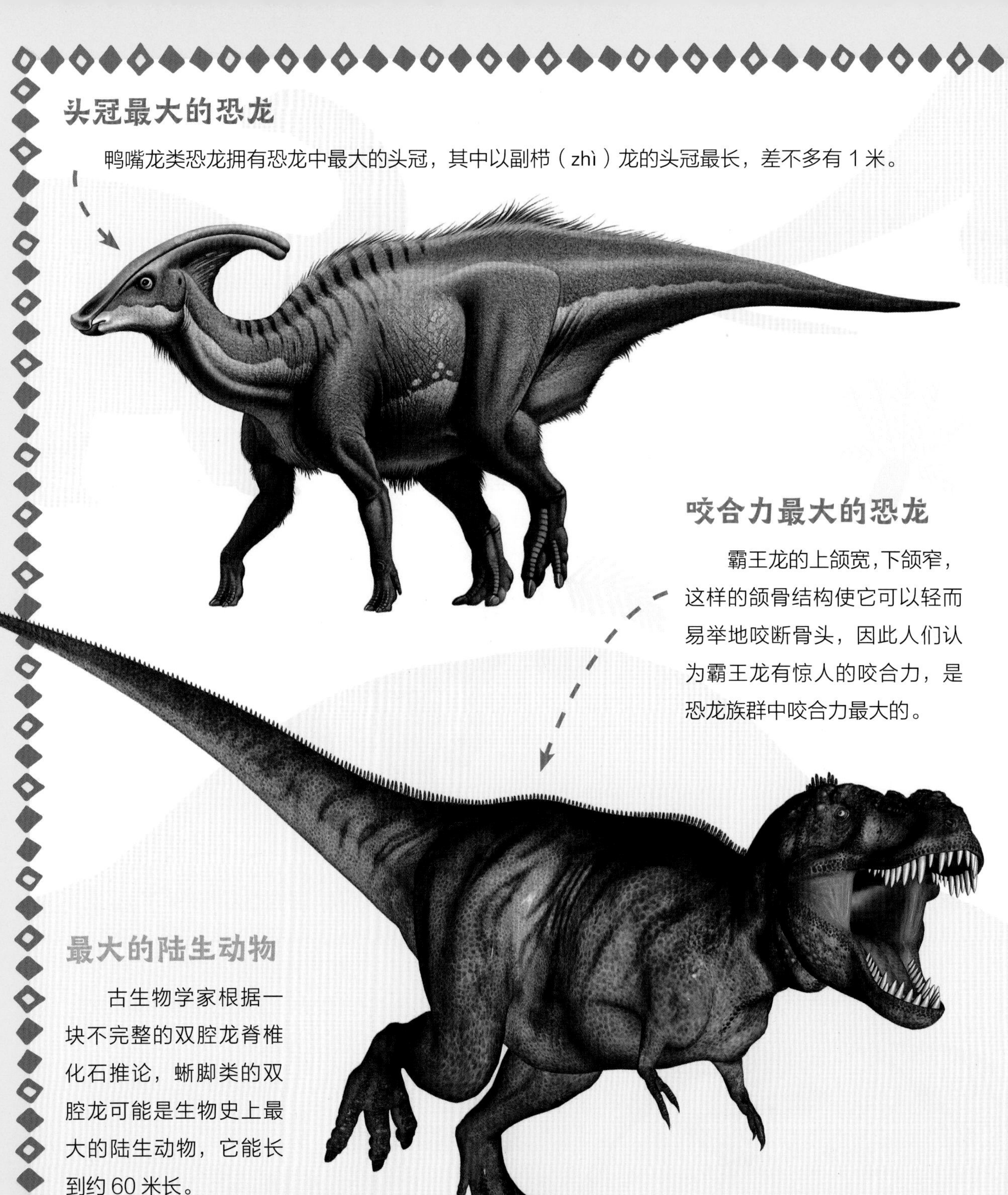

咬合力最大的恐龙

霸王龙的上颌宽，下颌窄，这样的颌骨结构使它可以轻而易举地咬断骨头，因此人们认为霸王龙有惊人的咬合力，是恐龙族群中咬合力最大的。

最大的陆生动物

古生物学家根据一块不完整的双腔龙脊椎化石推论，蜥脚类的双腔龙可能是生物史上最大的陆生动物，它能长到约 60 米长。

最早的恐龙

生存于2.4亿年前的埃雷拉龙是目前已知最早的恐龙，它被认为是兽脚类恐龙的祖先。

最少见的恐龙遗物化石

恐龙粪便化石是最脆弱的恐龙遗物化石，因为粪便很容易被迅速分解，所以这类化石很少见，比足迹化石还少见。

最重的恐龙

据科学家估算，腕龙和南极龙的体重都在 70 吨～ 80 吨之间。所以，它们需要粗壮的四肢来支撑沉重的身体。

头骨最大的恐龙

角龙类中的五角龙头骨长达 3 米，占整个身长的一半。它的头骨在所有陆生动物中是最大的。

肩棘最长的恐龙

剑龙类中的勒苏维斯龙的肩棘在所有恐龙中是最长的，最长可达 1.2 米。

恐龙的交流

人类通过眼睛、耳朵、鼻子、舌头、皮肤等器官来感知这个世界，用语言与他人进行交流。恐龙也有自己的交流方式，它们用独有的信号向同伴传递信息。

发音器官

据推测，恐龙也会发声。大型恐龙会发出咆哮声；鸭嘴龙类会通过头冠或膨胀的鼻孔等共鸣腔发声。

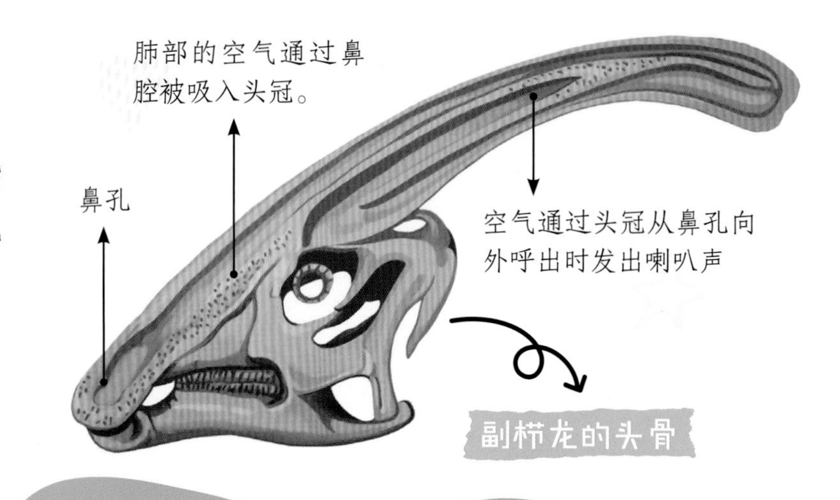

副栉龙的头骨

味觉器官

对于恐龙世界的捕食者与被捕食者来说，味觉和嗅觉是用来相互判断、识别最常用的方法。

听觉器官

恐龙有灵敏的听觉。科学家曾在冠龙的头骨里发现了完整无缺的精细耳骨。但是，恐龙没有外耳，只能依靠位于眼睛后面的耳孔来获取外界的声音。

嗅觉器官

科学家发现恐龙的鼻孔充分进化，所以恐龙的嗅觉应该很灵敏。灵敏的嗅觉可以帮助恐龙寻找食物，也可以让恐龙根据气味寻找同伴。

霸王龙的嗅觉超级好，1000 米外的腐肉味道都能闻到。

恐龙的速度

肉食性恐龙为了追捕猎物，必须健壮有力，奔跑速度也必须很快。而大型植食性恐龙只能缓慢地移动，它们不需要追捕猎物，凭仗庞大的身躯保护自己。

恐龙奔跑速度的测算

科学家根据脚印化石来测算恐龙奔跑的速度。通过对大量动物奔跑速度与步长关系的研究，他们发现恐龙脚印间的距离越大，移动速度就越快。

恐龙的行走速度

经过科学测算，肉食性恐龙的行走速度能达到 6 千米 / 时 ~ 8.5 千米 / 时；植食性恐龙速度慢些，大约 6 千米 / 时。遇到紧急情况时，所有的恐龙都会快速奔跑，速度可达 16 千米 / 时 ~ 20 千米 / 时。肉食性恐龙在追赶猎物时速度还会更快些。

哺育后代

从目前的研究结果来看，大部分恐龙都不会照顾自己的宝宝，只有少数几种恐龙才会抚幼，它们中最突出的要数有着“好妈妈”之称的慈母龙。除了慈母龙外，还有几种恐龙也很会照顾自己的宝宝。

聪明的原角龙

原角龙在干燥的沙质泥土中筑巢，并在巢的外围修一圈低矮的“围墙”。聪明的原角龙可能会在蛋上覆盖一层沙土。阳光的热量由沙土传递到恐龙蛋上，有助于孵出小恐龙。

细心的鸭嘴龙

鸭嘴龙也是十分细心的妈妈。每年的同一时间，同一群鸭嘴龙会回到同一个地方，筑巢、产蛋，然后精心地照顾它们的蛋宝宝和刚孵出来的幼龙。

1. 成年的鸭嘴龙从树上叼着筑巢需要的树叶。

2. 正在筑巢的鸭嘴龙把树叶铺在窝的中间。它们的窝直径一般有 3 米。

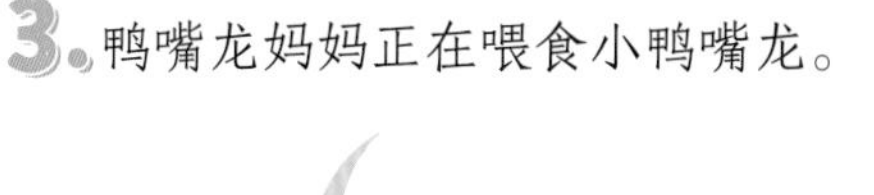

3. 鸭嘴龙妈妈正在喂食小鸭嘴龙。

恐龙的十万个为什么
——你所不知道的恐龙知识

前面我们认识了很多恐龙，也知道了不同的恐龙有着不同的特点、习性以及喜好。但是在庞大的恐龙王国里，还有很多鲜为人知的趣事。现在，就让我们一起来为这些关于恐龙的趣味问题寻找答案吧！

恐龙有鳞片吗？

身上披有鳞片是很多现生爬行动物的重要特征，而恐龙是远古爬行动物。科学家经过研究证明，大多数恐龙身上都长有鳞片，只有少数恐龙身上长着羽毛，如始祖鸟就长有羽毛却没有鳞片。

“无牙大侠”——似鸟龙

似鸟龙是一类兽脚类恐龙，约有3米长，然而它的体重仅有150千克。相对于体形，它的体重非常轻，再加上长而有力的腿，使它可以快速奔跑。这种恐龙可能主要以昆虫、蛋或其他不需要咀嚼的食物为食。

大型肉食性恐龙有哪些？

有3种与霸王龙有“亲戚”关系的肉食性恐龙，分别是双脊龙、异特龙和艾伯塔龙。它们都较霸王龙小一些，但也都是庞然大物，都有着锋利的牙齿、强有力的后肢和尖锐的爪子。

科学家在蒙古国发现过长达2.6米的恐手龙上肢化石。恐手龙的祖先可能是比霸王龙的出现还要早得多的恐爪龙。

繁盛的恐龙家族

大约 6600 万年前，世界由恐龙主宰。在亚洲和北美洲生存着种类繁多的恐龙，如甲龙、肿头龙、角龙、鸭嘴龙和形形色色的肉食性恐龙。在其他地区还有蜥脚类恐龙、剑龙和多种肉食性恐龙。

霸王龙前肢的秘密

迄今为止，人们只在美国发现了几具霸王龙骨骼化石，其中有两具比较完整。科学家经过研究后发现，和现在豹子、老虎等肉食性动物不一样的是：雌性霸王龙比雄性霸王龙体形要大一些。霸王龙的前肢和爪子都很短小，不能帮助它捕捉食物，甚至都无法帮它把食物喂到嘴里。所以，霸王龙只能依靠强有力的颌部和锋利如刀的牙齿把食物撕碎。

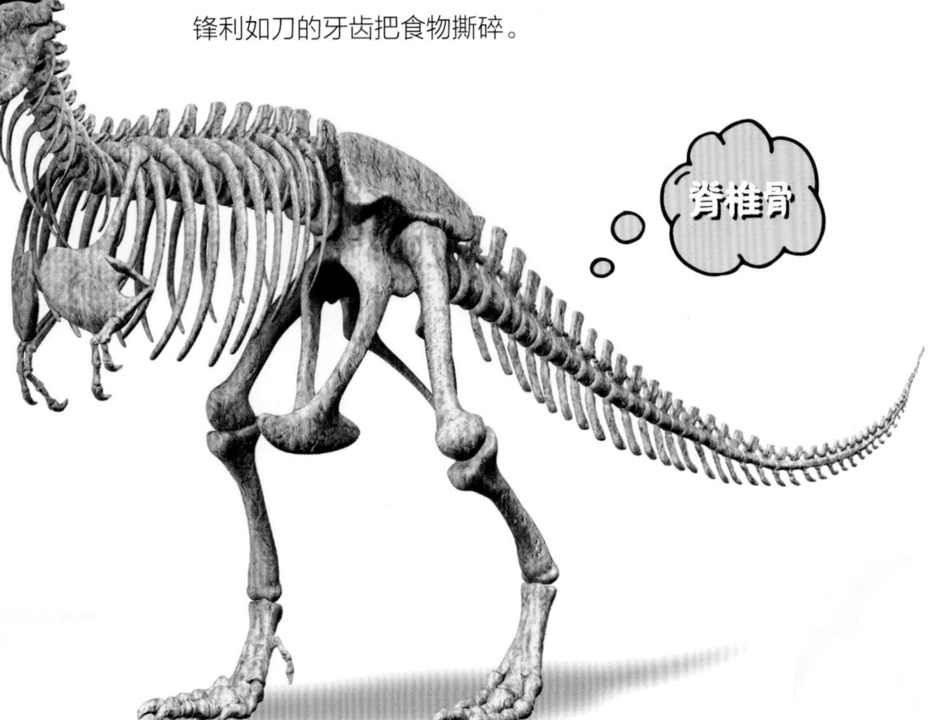

霸王龙是食腐者吗？

有科学家认为霸王龙是食腐者，经常以动物的尸体为食，而且还经常抢夺其他肉食性恐龙的猎物。但是另外一些科学家指出，霸王龙的奔跑速度可以达到每小时 50 千米，几乎如同赛马一样快，它完全可以猎捕到活的猎物，而不用做食腐者。但后来的研究发现，霸王龙在没有鲜活食物的时候，偶尔也会食腐。

蜥脚类恐龙怎样生存？

已经发现的证据表明，蜥脚类恐龙总是沿着同一个方向前行。它们行进的队伍是有队形的，体形矮小且年幼的恐龙位于队伍的中央，受到成年恐龙的重点保护。当它们确定四周安全时，就会四散开来，寻找食物，但是仍然保持着警戒的状态，时刻准备逃跑。

最早的大型鸟臀目恐龙是哪种？

鸟臀目恐龙的体形在恐龙家族里面算相对较小的。最早的鸟臀目恐龙家族出现在大约 1.6 亿年以前，它们属于剑龙类，数量十分庞大，分布在世界各地。1 亿多年前，剑龙类开始走向灭绝，被其他类型的恐龙取代。体形最大的剑龙大约有 7 米长，它们生活在现在的北美地区。

CHAPTER

3

第三章

发现恐龙

1822 年，英国乡村医生曼特尔第一个发现了恐龙牙齿化石。1842 年，英国古生物学家欧文第一次把这种巨大的史前爬行动物命名为“恐龙”。

神奇的恐龙化石

恐龙死亡之后，身体中的柔软的组织因腐烂降解而消失，骨骼及牙齿等坚硬的组织有可能沉积在泥沙中，处于隔氧环境下，经过成千上万年的沉积石化作用，最后形成化石。此外，恐龙的脚印、蛋等偶尔也可能形成化石保存下来。

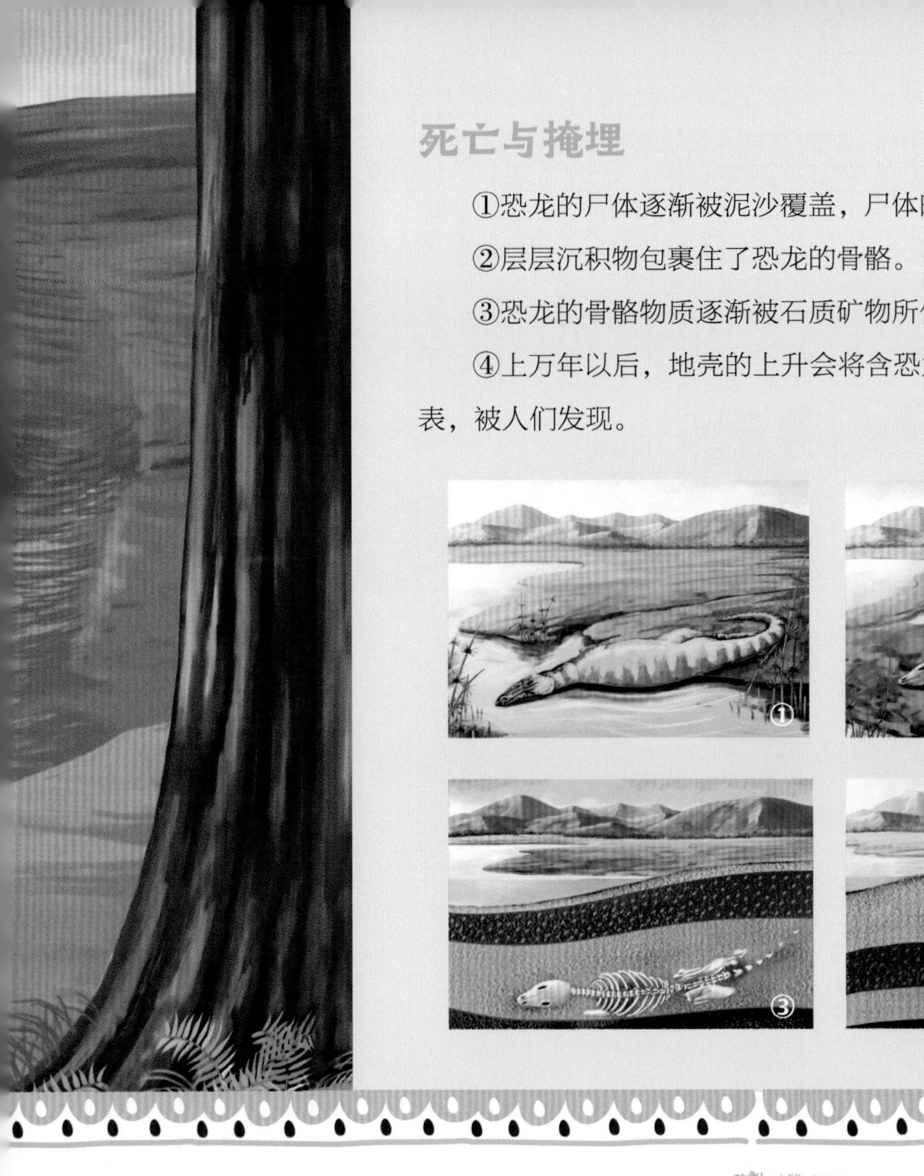

死亡与掩埋

①恐龙的尸体逐渐被泥沙覆盖，尸体的柔软部分开始腐烂。

②层层沉积物包裹住了恐龙的骨骼。

③恐龙的骨骼物质逐渐被石质矿物所代替，变得比石头还要坚硬。

④上万年以后，地壳的上升会将含恐龙化石的地层重新抬升到地表，被人们发现。

石化过程

恐龙的骨骼和牙齿等坚硬部分是由矿物质构成的，矿物质在地下往往会与周围的矿物离子发生置换，重新结晶，并变得更为坚硬，这一过程被称为“石化”。随着覆盖的沉积物不断增厚，恐龙的遗体越埋越深，最终变成了化石，而其周围的沉积物也变成了坚硬的围岩。

恐龙化石的装架和复原

恐龙化石被挖掘出来后，接着就是将它们一块一块拼装起来，重新构建成一副完整的骨架。而复原的工作则是在骨骼上添加筋肉，使之重现恐龙生前的模样。

化石保护

从地层中取出恐龙化石时需要特别小心，这个过程花费的时间相当长。在去除化石周围的岩石后，需要在化石上涂刷胶水和保护剂加以保护。

重组

在研究弄清了某种恐龙的骨骼结构组成之后，科学家会尽可能地组装该副骨架。缺失的骨骼用玻璃纤维材质的模型来代替。

“恐龙公墓”

“恐龙公墓”往往是恐龙突然遭遇某种严重的自然灾害而迅速被掩埋形成的。“恐龙公墓”是恐龙留存至今最有价值的遗产之一，因其数量很少，所以一旦被发现便会引起世人瞩目。

如果地球上真的有“侏罗纪公园”，那么加拿大的艾伯塔恐龙公园可能是最接近的地方了。

加拿大艾伯塔省恐龙公园

加拿大艾伯塔省恐龙公园是世界上规模最大的白垩纪恐龙化石集中地，也是世界上恐龙化石发掘最丰富的地区之一。

四川自贡大山铺遗址和恐龙博物馆

大山铺恐龙化石群遗址位于四川省自贡市东北郊，是中国最重要的恐龙化石埋藏地。在该遗址基础上修建的自贡恐龙博物馆，是世界上收藏和展示侏罗纪中期恐龙化石最多的地方之一。

四川自贡大山铺恐龙博物馆是“世界上最好的恐龙博物馆”，这不是我们自夸，这是《美国国家地理》杂志评选出来的！

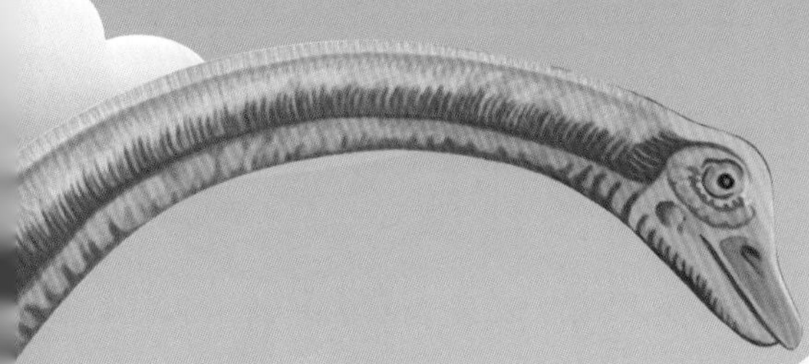

修长的后腿

美国国立恐龙公园

美国国立恐龙公园位于美国犹他州东北部与科罗拉多州的交界处，它是世界上最大的恐龙公园。从 1909 年至其后的 14 年间，科学家在这里发现了侏罗纪晚期几乎所有种类的恐龙化石。

美国国立恐龙公园是世界上最大的恐龙公园。

敦实的身躯

中国恐龙大发现

中国是世界上恐龙骨骼和恐龙蛋化石埋藏最丰富的国家，除了台湾、海南两省，恐龙骨骼遍布中国的各个地区。世界上第一枚恐龙蛋和恐龙脚印共存的蛋窝化石就发现于中国河南省内乡县。这些形态各异的化石是中生代有大量恐龙在中国境内生存的最好证据。

自贡四川龙
新疆鹦鹉嘴龙
五彩冠龙
董氏中华盗龙
粗壮原始祖鸟
巨齿曲鼻龙
邹氏尾羽龙
张氏中国猎龙

魏氏鸭颌龙
原始中华龙鸟
奥氏独龙
嗜角窃蛋龙
二连巨盗龙
陆家屯纤细盗龙
破碎金刚口龙
诸城中国角龙

大山铺晓龙

原始川东虚骨龙

中国双脊龙

杨氏中国似鸟龙

阿拉善龙

顾氏小盗龙

奇异帝龙

明星天池龙

侯氏红山龙
内蒙古鹦鹉嘴龙
赵氏小盗龙
千禧中国鸟龙
谷氏绘龙
意外诸城角龙
石油克拉玛依龙

小巧吐谷鲁龙
杨氏内蒙古龙
上游永川龙
杨氏天镇龙
劳氏灵龙
巨鼻原角龙
步氏克氏龙
师氏盘足龙

疯狂恐龙时代

Dinosaur Encyclopedia

第二卷

张玉光◎主编

吉林出版集团股份有限公司

目录

第四章

凶猛的肉食性恐龙

肉食性恐龙是一群天生冷血的杀手，它们一般前肢短、后肢长，能够直立行走，善于奔跑，趾端有弯曲的尖爪，上下颌骨上长有匕首状的牙齿……在史前时代，它们是生态系统中食物链最顶端的存在。

埃雷拉龙 Herrerasaurus

埃雷拉龙有锐利的牙齿、巨大的爪子、强而有力的后肢，因此它的动作十分敏捷。此外，埃雷拉龙的下颌处有一个弹性关节，可以保证它紧紧咬住猎物，这样看来它真可以说是完美的掠食者。

埃雷拉龙下颌的弹性关节使它的咬合能力更加出色。

食物

埃雷拉龙体形不算大，只能捕猎小型植食性恐龙、其他爬行动物以及昆虫。小埃雷拉龙甚至会以腐肉为食。

从发现的化石可以看出，埃雷拉龙的体形并不算大。

听觉敏锐

埃雷拉龙的耳朵里有完整的听小骨，表明它具有敏锐的听觉，可以在捕食的时候迅速判断声音来源的方向，捕捉到其他的小动物。它甚至可以依靠听觉捕食蜻蜓等飞行昆虫。

埃雷拉龙的第一块骨骼化石是在阿根廷由一位名叫埃雷拉的农民发现的，所以这种恐龙被命名为“埃雷拉龙”。

南十字龙 Staurikosaurus

南十字龙目前的唯一标本在 1970 年发现于巴西。在这之前，南半球发现的恐龙化石极少，为了纪念这个发现，科学家以只有在南半球才能看到的南十字星座来命名这种恐龙，南十字龙由此而得名。

特征的改变

起初，人们认为南十字龙前、后肢上的 5 根趾头是它特有的，后来发现几乎所有较原始的恐龙都具备这样的特征。当南十字龙的腿骨被发现后，人们又认为它是“快速的奔跑者”。

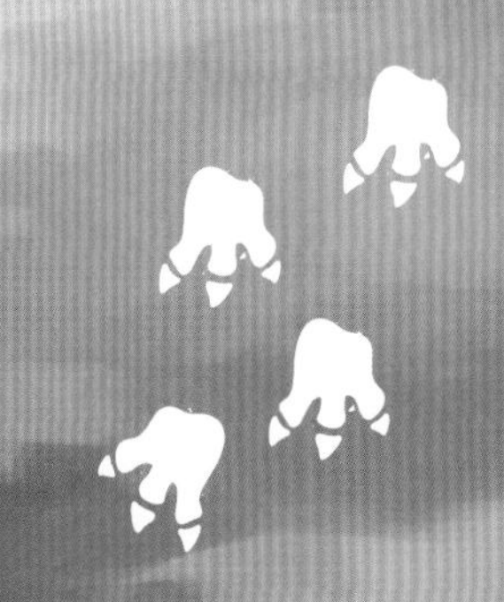

细微特征

南十字龙头骨具有灵活的下颌关节，下颌可以前后、左右、上下自如活动，这个特征可以帮助南十字龙很轻松地将食物吞进肚子。

理理恩龙 Liliensternus

在理理恩龙生存的三叠纪晚期，它是最大型的肉食性恐龙。理理恩龙可以猎食小型蜥蜴或两栖动物，也可以集体猎食一些体形较大的植食性恐龙，如板龙。

知识卡片

- 分布：欧洲
- 时间：三叠纪晚期
- 分类：兽脚类
- 体形：长 3 米 ~ 5 米
  高约 2 米
- 体重：约 130 千克

消失的脚趾

理理恩龙显示了很多早期肉食性恐龙的特点，比如，前肢上的5根趾头。不过，理理恩龙的第4趾和第5趾已经退化了，而后来的肉食性恐龙第4趾和第5趾根本都不发育了。

恶魔龙 Zupaysaurus

恶魔龙是一种中型肉食性恐龙，它的名字是由盖丘亚语的“恶魔”而来的，意思是“恶魔的蜥蜴”，可见它是一种非常凶狠恐怖的恐龙。

知识卡片

- 分布：南美洲
- 时间：三叠纪晚期
- 分类：兽脚类
- 体形：长约 4 米
- 体重：不详

恶魔龙的分类

关于恶魔龙的分类有些曲折。最早，它因为头骨及后脚的数个特征而被归为坚尾龙类；后来的研究发现恶魔龙拥有几个典型的兽脚类恐龙的特征，又将它归为腔骨龙类；但也有学者于 2006 年将恶魔龙与双脊龙归为一类，建立了双脊龙科。

恶魔龙体态特征

成年恶魔龙的头骨大约为 45 厘米长，上面长着小型的冠状物，它的牙齿在前上颌骨与上颌骨之间有一个小间隙。恶魔龙体长从鼻端至尾巴约为 4 米，在行走时只用后肢，前肢用来抓取猎物。

腔骨龙 Coelophysis

腔骨龙出现在三叠纪晚期，也是一种小型肉食性恐龙，是已知最早的恐龙之一。它窄窄的头部、长长的颈部和尾巴，看起来像放大并拉长了的鸟，不过它身上还没有羽毛。

同类相残

在找不到肉吃的时候，腔骨龙可能会打自己同伴的主意。据科学家推测，它们如果饿急了，就会残杀自己的同类。

一颗颗尖牙帮助它撕咬猎物的皮肉。

奔跑时，尾巴向后伸直来保持身体平衡。

知识卡片

- 分布：北美洲
- 时间：三叠纪晚期
- 分类：兽脚类
- 体形：长 2.5 米~3 米
  高约 2 米
- 体重：不详

生活方式

因为腔骨龙的个子不大，要是靠自己单打独斗的话，完全不是那些大个子动物的对手。所以，腔骨龙喜欢集体狩猎。在食物缺乏的时候，腔骨龙还会由小群变成更大的群，以集中力量。当很多腔骨龙成群出击的时候，甚至身躯庞大的植食性恐龙也会被它们掀翻在地。

锋利的爪子可以紧紧地抓住猎物。

知识卡片

- **分布**：欧洲、亚洲
- **时间**：三叠纪晚期
- **分类**：兽脚类
- **体形**：长 3 米 ~ 6 米
- **体重**：不详

长踝敏捷龙 *Halticosaurus*

长踝敏捷龙和它的名字一样，非常敏捷灵活。长踝敏捷龙于 1908 年在欧洲被发现，其学名含义为“善于跳跃的蜥蜴”，属腔骨龙科。

认错的亲戚

长踝敏捷龙因为长得和理理恩龙很像，一度被认为与理理恩龙是同种恐龙。这个错误延续了几十年，直到1984年，科学家们才发现，长踝敏捷龙和理理恩龙在骨骼构造上有所不同，这才将两种恐龙区分开来。

敏捷的捕食者

2.1亿~2.05亿年前的三叠纪晚期，在如今的德国土地上生活着长踝敏捷龙这样一群恐龙，它们的身长有1辆~2辆小汽车那么长，动作迅速而敏捷，经常捕食一些比它们个子小的恐龙和其他动物。

跳龙 Saltopus

跳龙是一种身材小巧、行动灵活、用后肢行走的恐龙。它有类似鸟类的中空骨头，前肢上长有 5 个趾头。

跳龙的身材大小跟猫科动物差不多，是恐龙家族中的跳跃能手。

知识卡片

- 分布：欧洲
- 时间：三叠纪晚期
- 分类：仍存在争议
- 体形：长约 60 厘米
- 体重：不详

细细的后腿

跳跃的脚

1910 年，跳龙的化石发现于苏格兰，其拉丁文名字意思为“跳跃的脚”。看它的名字就知道，跳龙肯定是擅长跳跃的恐龙，这也是它最突出的特征。

种属分类

跳龙曾被分为多个不同的类别，例如蜥臀目、更进步的兽脚类以及埃雷拉龙的近亲。因为人们只发现了跳龙的部分化石碎片，所以它的分类一直存在争议。

气龙 Gasosaurus

之所以叫“气龙”这个名字，不是因为它爱发脾气，而是为了纪念发现它的天然气勘探队员们。气龙活跃在侏罗纪中期、如今的四川省自贡市，体长 3 米 ~ 4 米，身高 2 米。别看它在恐龙中只能算是中等个头，但对人类来说仍是庞然大物。

气龙骨架图

建设气龙

建设气龙是气龙家族的代表。它身长 4 米，头很大，脖子短，尾巴长，奔跑速度快，以植食性恐龙和其他小动物为食，曾生存于四川省自贡市大山铺地区，同一地区的植食性恐龙只要一见到它，准会被吓破胆。

建设气龙的主要特点是头大而轻，牙齿为巨齿龙齿式。

知识卡片

- **分布**：亚洲
- **时间**：侏罗纪中期
- **分类**：兽脚类
- **体形**：长 3 米 ~ 4 米
  高约 2 米
- **体重**：约 150 千克

具有肉食性恐龙的特征

气龙的牙齿很锋利，像一把把小匕首，在牙齿的边缘有小锯齿，这说明它能很轻松地撕裂生肉。它的前肢很短，所以走路只能靠有力的后腿。但它有一对强劲尖锐的前爪，可以紧紧抓住小型猎物或撕开大型动物坚韧的皮肤。

美颌龙
Compsognathus

在人们的印象中，恐龙多半是丑陋而庞大的动物，其实并不完全是这样。地球上也曾存在过秀气美丽的恐龙，它们有修长的脖子、苗条的后腿、小巧的身子 …… 这就是美颌龙，也称为“细颌龙”。

知识卡片

- **分布**：欧洲
- **时间**：侏罗纪晚期
- **分类**：兽脚类
- **体形**：长约 1 米
- **体重**：约 2.5 千克

形态特征

即使是成年的美颌龙，身高也不会超过一个成人的膝盖。如果将一只没有羽毛的鸡加上一条长尾巴，再在口中装上锋利的牙齿，最后将翅膀改成两只爪子，那就离美颌龙的样子不远了！

前爪

美颌龙的前爪上有两根可以弯曲的趾头。科学家推测，它们可能使美颌龙具有爬树的能力，而爬树可能是小型恐龙向天空发展的开端。

敏锐的视力

美颌龙视力很好，目光敏锐，这能帮助它在捕猎时看得更精准，让行动精确无误。

尖锐的牙齿

美颌龙嘴里有 60 多颗牙齿。这些牙齿虽然小巧玲珑，但都非常尖锐，边缘弯曲，对那些小型的猎物而言，是致命的利器。

角鼻龙 Ceratosaurus

从外形上看，角鼻龙和其他肉食性恐龙没有太大的区别。嘴里尖利的牙齿表明它是凶残的猎食者。

外形

角鼻龙的鼻端长着一只角，眼睛上方还有一对小一些的角。它的前肢短而健壮，前爪长有 4 趾，趾上有弯钩般的利爪。角鼻龙后肢很长，肌肉发达，说明它习惯依靠后肢行走。

骨骼

与身体相比，角鼻龙的头骨相当大。它的鼻角是由隆起的鼻骨形成的，眼睛上的小角则是由泪骨隆起形成的。角鼻龙的腰带（骨盆）结构十分特殊，尾巴则因骨骼的构造而显得僵直笨重，只有末端能够自由摆动。

迅速出击

从角鼻龙的身体构造来看，修长的后腿和尾巴、坚实的骨骼，都和现代的短跑冠军——猎豹十分相似。由此可见，角鼻龙也是一个短跑高手，它的长尾巴可以帮助它控制方向，以及平衡脑袋的重量。但因为个头不大，所以，角鼻龙一般都是集体生活，捕猎那些中、小型植食性恐龙。

知识卡片

- **分布**：北美洲、非洲、欧洲
- **时间**：侏罗纪晚期
- **分类**：兽脚类
- **体形**：长 4.5 米 ~ 6 米
- **体重**：0.5 吨 ~ 1 吨

始祖鸟

Archaeopteryx

始祖鸟出现于侏罗纪晚期。很多科学家认为始祖鸟是现代鸟类的祖先，但它仍属于恐龙。

陆空健将

始祖鸟身上有很多爬行类动物的特征：嘴里有牙齿，不像现代鸟类那样长角质的喙；一条由 21 节尾椎组成的长尾巴；骨骼内部仍然像爬行动物那样是实心的，还没有气窝。始祖鸟凭借覆盖着羽毛的翅膀成了非常棒的滑翔者。它从树枝上起飞，乘风追逐蜻蜓等小昆虫。在地面，它们用强健的后腿行走和奔跑，所以地面上的蜥蜴和蟑螂等小动物在它们面前都难逃厄运。

羽毛是怎么来的

始祖鸟的羽毛究竟是怎么来的？科学家的推测是：始祖鸟的祖先原本生活在地面上，它们的前肢长有爪，非常适合在树上攀爬。后来，它们前肢上的鳞（lín）片开始异化成原始羽毛。利用带羽毛的翅膀滑翔是一种很好的活动方式，这加速了羽毛的演化，最终让它们进化出了带羽毛的翅膀。

永川龙

Yangchuanosaurus

从侏罗纪晚期开始，生活在亚洲的植食性恐龙就没有好日子过了，因为它们遇到了一个强劲的对手——永川龙。虽然当时的植食性恐龙已经进化出了巨大的身躯，但在永川龙的尖齿利爪下，也很难生还。因此，永川龙获得了“侏罗纪恐怖杀手”的称号。

知识卡片

- **分布**：亚洲
- **时间**：侏罗纪晚期
- **分类**：兽脚类
- **体形**：长约 10 米
高约 4 米
- **体重**：约 3.5 吨

孤独的猎手

勇猛无敌的永川龙能够轻易猎杀那些大型的植食性恐龙，它才不屑于和同伴分享美食呢。所以，永川龙都是“独行侠”，它性格孤僻，喜欢独来独往。科学家认为，永川龙的这一习性与现代的猫科动物比较相近（狮子除外）。

永川龙骨架图

大块头，有力量

永川龙体形庞大，身长 10 米，直立时高达 4 米，比 1 层楼还要高。它们的头也很大，将近 1 米长。科学家发现，它们的头骨两侧有 6 对大孔，这些大孔可以减轻头骨的重量。

永川龙的头骨

异特龙 Allosaurus

异特龙的体形比霸王龙略小一些，但是和霸王龙相比，异特龙具有更加粗大且更适合捕杀猎物的强壮的前肢。因此，有些科学家认为异特龙才是地球上有史以来最强大的肉食动物，而异特龙的后裔——南方巨兽龙则进化得更加庞大。

更多的牙齿

霸王龙嘴里有 60 颗牙齿，异特龙的牙齿更多，有 70 颗，而且每颗牙齿都像匕首一样锋利，边缘还带有锯齿。所有的牙齿都向后弯曲，正好用于撕破猎物的肉，还能防止咀嚼的过程中肉从嘴里漏出来。如果某颗牙齿脱落或在“战斗”中被折断，新的牙齿很快就能长出来填补空缺。

知识卡片

- **分布**：北美洲、欧洲、亚洲、大洋洲、非洲
- **时间**：侏罗纪晚期
- **分类**：兽脚类
- **体形**：长 10 米 ~14 米
  高 5 米 ~6 米
- **体重**：1 吨 ~ 4 吨

脚

异特龙脚上有鳞片，3 根脚趾承担了身体的重量，位置较高的大趾朝向后方。趾爪的核心为骨质，而外层为角质层。

凶猛的捕猎者

科学家曾在侏罗纪晚期的地层中发现了一些弯龙的骨头，上面有异特龙牙齿留下的深深槽痕，折断的异特龙牙齿也散布在周围。这些骨头特征表明，那曾是一次血腥的捕杀。

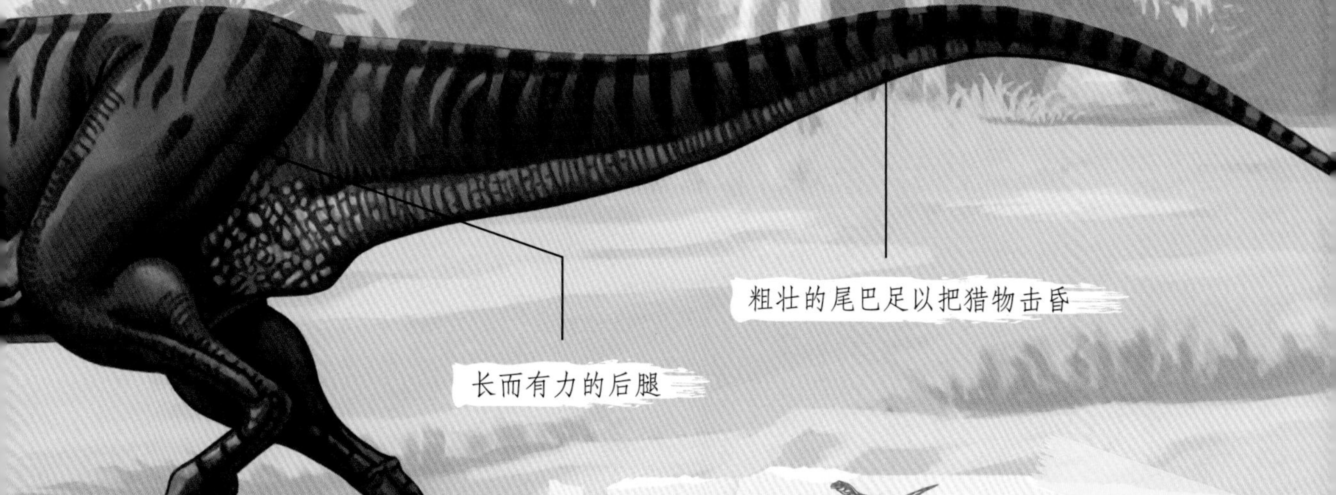

粗壮的尾巴足以把猎物击昏

长而有力的后腿

甘氏四川龙

甘氏四川龙生活在侏罗纪晚期，分布在现今四川盆地北部，是中等体形的异特龙类，与北美洲发掘的异特龙极为相似。甘氏四川龙的牙齿侧扁，前后缘上具有栅状的小齿，前上颌骨牙齿较厚实。它的椎体形态为典型巨齿龙型。

雷龙大战异特龙

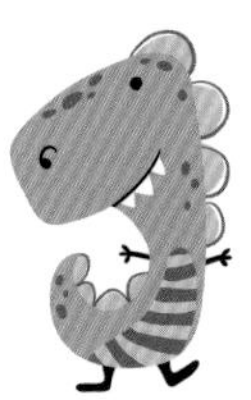

在一般情况下，异特龙是独自捕猎的，它们还会划分出自己的打猎领地。异特龙的个子在肉食性恐龙中虽然很大，可是和侏罗纪的大型植食性恐龙比起来，就实在算不得什么了。所以，它们偶尔也会合力攻击大型的植食性恐龙。那么，它们是怎样攻击大个子植食性恐龙，被攻击的大型植食性恐龙又是怎么逃生或反抗的呢?

相遇

这是一个由 20 多只雷龙组成的群体，其中有 7 只比较小的雷龙。今天，这些雷龙吃了一顿丰盛的早餐，正在向着树林走去。

由于没有边走边吃，雷龙群走得挺快。可它们完全没有注意到，3 只异特龙正埋伏在它们路过的一处小山坡后面。

也许是因为太兴奋，两只小雷龙打闹着，逐渐落在了队伍的后面。这正是异特龙期待的机会。一只异特龙迅速冲到了两只小雷龙和雷龙群之间，隔断了小雷龙的去路，而另两只异特龙则恶狠狠地扑向了其中个头小一些的那只小雷龙。

遭到攻击的小雷龙很快就受伤了。它的背上被一只异特龙抓开了几道大口子。虽然它是这群雷龙里个子最小的，但也有 8 吨多重，身体可比异特龙大多了。一只异特龙试图直接咬住它的脖子，被它用力挣脱了。异特龙们改变了战术，向它的腿咬去。它连踢带蹦地躲避着，无助地惨叫着……

迈着矫健的步伐

锋利的爪子

战斗

前面的雷龙群意识到了危险，马上停了下来。那只负责堵截的异特龙龇着牙齿，张开血盆大口，对着雷龙群大声吼叫。

大雷龙可不怕它！在两只老雷龙的带领下，它们撞翻了堵住它们的那只异特龙，然后怒吼着冲向了另外两只正要扑倒小雷龙的异特龙。大雷龙像推土机一样冲过来，用尾巴抽、用身体撞、用前腿踢，很快就把异特龙打得落花流水。

异特龙可是食物链顶端的王者，大型植食性恐龙都是它的猎物。

异特龙害怕了，纷纷转身逃跑了。

受伤的小雷龙和另一只被逼得跑到一边的小雷龙又回到了队伍里。这场惊险的战斗让它们知道了厄运随时可能降临，乱跑掉队是非常危险的。

鲨齿龙 Carcharodontosaurus

“鲨齿龙”的拉丁文意思是“长着鲨鱼牙齿的蜥蜴”，鲨齿龙是目前在非洲发现的最大的恐龙。第二次世界大战时，之前发现的一些鲨齿龙的化石被炸毁。幸好，人们后来又在撒哈拉沙漠里找到了另一具鲨齿龙头骨化石，这才真正揭开了它神秘的面纱。

大脑袋，小脑子

鲨齿龙体形巨大，头骨比霸王龙的头骨还长，仅次于南方巨兽龙。不过，它的大脑却只有霸王龙大脑的一半那么大。不知道这是不是表明它比霸王龙要笨一些。

巨大的冲撞力

鲨齿龙的后腿非常强壮，速度和爆发力都所向无敌。可以说，鲨齿龙在自己生活的时间和空间里，是“打遍天下无敌手”的。看见猎物，它会猛地撞过去。估计只这一下，猎物就会被撞晕。

- **分布**：非洲
- **时间**：白垩纪晚期
- **分类**：兽脚类
- **体形**：长 8 米 ~ 14 米
  高约 7 米
- **体重**：6 吨 ~ 15 吨

享用美食

面对已经晕过去的猎物，鲨齿龙一点儿都不会心慈手软，它会一把抓住猎物，用尖利无比的牙齿把它撕碎。就连许多小型肉食性恐龙都逃不过鲨齿龙的毒手。

高棘龙 Acrocanthosaurus

高棘龙是体形最大的兽脚类恐龙之一。它性情凶猛，可以毫不费力地猎杀同时代的任何一种植食性恐龙。

知识卡片

- 分布：北美洲
- 时间：白垩纪早期
- 分类：兽脚类
- 体形：长可超过 11 米
- 体重：6 吨 ~ 7 吨

"慢性子"的杀手

高棘龙尖利的牙齿和前爪可以让它在恐龙世界为所欲为，连大型的植食性恐龙都只能任其宰割。但是，它也有一个弱点——跑动速度不太快。科学家发现，高棘龙的大腿骨比小腿骨长得多，这也限制了它的速度。

突起的棘

高棘龙最显著的特征是一条高 0.2 米 ~ 0.5 米的神经棘，这条神经棘从它的颈部一直延伸到尾部，可能起到支撑肌肉隆脊的作用。起初，这条背棘让科学家误把高棘龙归为棘龙一类。

高棘龙下颌骨和牙齿化石

其他特征

高棘龙的前肢短而粗壮，前爪有 3 根趾头，上有趾爪。后肢粗而有力，脚掌上有 4 根脚趾。尾巴长而重，可平衡头部与身体的重量，将重心保持在臀部。

犹他盗龙 Utahraptor

虽然犹他盗龙是驰龙科中块头最大的一种恐龙。但它的体形也只有霸王龙的一半，尽管如此，犹他盗龙仍凭借灵敏的反应和超高的智商，成了白垩纪早期的恐怖杀手。

顶级装备

鹰一般的视力、发达的大脑、锋利的牙齿、出色的弹跳能力……这些都是犹他盗龙的捕猎装备。但它的“撒手锏”还是四肢上那些尖刀般的爪子。它的爪子比恐爪龙的还要长，可达 30 厘米！

知识卡片

- **分布**：北美洲
- **时间**：白垩纪早期
- **分类**：兽脚类
- **体形**：长 5 米 ~ 7 米
  高 2 米 ~ 3 米
- **体重**：500 千克 ~ 700 千克

群起而攻之

犹他盗龙家族成员众多，在白垩纪早期广袤的平原上，它们常常成群结队地猎食。顶级的捕猎装备加上团队协作的捕猎方式，如果哪只恐龙不幸被它们盯上，下场一定很悲惨。

驰龙类

驰龙类成员是类似鸟类的兽脚类恐龙。它们的名字被翻译为“奔跑的蜥蜴”，这大概跟它们的体形和捕猎方式有关。驰龙类繁盛于白垩纪，体形多为小型或中型，是肉食性恐龙，其中小盗龙和犹他盗龙这两个驰龙科家族成员最为人们熟知。

小盗龙

Microraptor

小盗龙身材娇小，它的化石是在中国辽宁被发现的，化石上的羽毛印痕清晰可见，充分说明小盗龙是长有羽毛的恐龙。

学术界的乌龙事件

曾经有化石贩子把小盗龙后半身的化石和燕鸟的前半身化石拼起来。这个拼凑出来的化石被命名为“辽宁古盗龙”，还误导了一些科学家，让他们以为它是鸟类与恐龙之间的一种更早期的过渡类型生物。

美丽的羽毛

科学家经过研究推测，在阳光的照射下，小盗龙身上的羽毛可能会呈现出黑色和蓝色的光泽。也就是说，小盗龙可能是最早拥有有光泽的羽毛的恐龙。此外，小盗龙的尾部还拖着两根钻石状羽毛扇，非常华丽。

知识卡片

- **分布**：亚洲
- **时间**：白垩纪早期
- **分类**：兽脚类
- **体形**：长40厘米～80厘米
- **体重**：约1千克

顾氏小盗龙骨骼图

赵氏小盗龙

赵氏小盗龙的化石产出于中国辽宁。它是世界上已知体形最娇小、非鸟类的兽脚类恐龙。它的体形和始祖鸟相仿，体长大约0.6米。在此之前发现的长羽毛的恐龙包括中华龙鸟、原始祖鸟、尾羽龙、北票龙和千禧中国鸟龙。根据赵氏小盗龙后肢特征判断，它可能长时间栖息在树上，而且可以在林间自由滑翔。

顾氏小盗龙

顾氏小盗龙生活在白垩纪早期，它体长不到1米，因四肢都有羽毛，而被称为“四翼恐龙”。顾氏小盗龙的尾部比身体长，尾部上也长有羽毛。这种四肢和尾部都有羽毛的分布形式，表明顾氏小盗龙已具备一定的滑翔能力，同时也表明从兽脚类恐龙向鸟类的演化过程中，可能经过了一个四翼阶段。

重爪龙 Baryonyx

重爪龙名字的拉丁文意思是“沉重的爪子”，它属于棘龙科的恐龙。最早的重爪龙化石是在英国被发现的，那具化石只是一只幼年重爪龙。

知识卡片

- **分布**：欧洲
- **时间**：白垩纪晚期
- **分类**：兽脚类
- **体形**：长约 9 米
  高约 4 米
- **体重**：约 2 吨

重爪龙前肢第一趾爪复原图

身体形态

重爪龙的脖子长且直，这与霸王龙等肉食性恐龙有所区别。它的头部扁长，嘴部形态很像鳄鱼。重爪龙后肢强壮，后足长有 3 根粗壮的趾，前肢大趾上的超级大爪十分显眼。重爪龙长着一条长长的尾巴，用来保持身体平衡。

利齿

重爪龙嘴里有 100 多颗牙齿，几乎是其他肉食性恐龙牙齿数量的 2 倍。这些锯齿状的牙齿锋利无比，并且在上颌的前端颌骨还有段弯曲的结构，可以防止猎物逃脱。这样的牙齿特征和嘴部形态很适合捕鱼。

重爪龙头骨复原图

奇异的发现

科学家在一些重爪龙的腹腔部位还发现了禽龙的骨头，很难想象，这种恐龙会袭击禽龙。重爪龙很可能会使用它的大爪子扑杀，但是，从它的牙齿和体形来看，似乎不足以猎食大、中型恐龙。也许，它除了吃鱼，还会食腐，它的长嘴可以伸进死掉的恐龙肚子里，吃掉柔嫩的内脏。

重爪龙嘴里有100多颗牙齿，嘴部形态很像现代鳄鱼。

重爪龙有一根长度超过30厘米的钩爪，是迄今为止发现的最大的恐龙爪。

恐爪龙 Deinonychus

恐爪龙是白垩纪最可怕的猎食者之一。它们捕猎本领高强，经常成群围捕比自己体形大得多的猎物。

恐爪龙的爪子可以用来戳刺猎物，也可以用来爬上动物的身体。

形态特征

恐爪龙的视力较发达。它们的前肢长有 3 根带利爪的趾；后肢长有 4 趾，其中第 2 趾上的趾爪可长达 12 厘米。它们的尾巴坚韧有力，具有平衡身体的作用。

平衡能力很强的身体

恐爪龙不仅后肢发达，前肢也很健壮有力，再加上尾巴的作用，能更好地保持身体平衡。

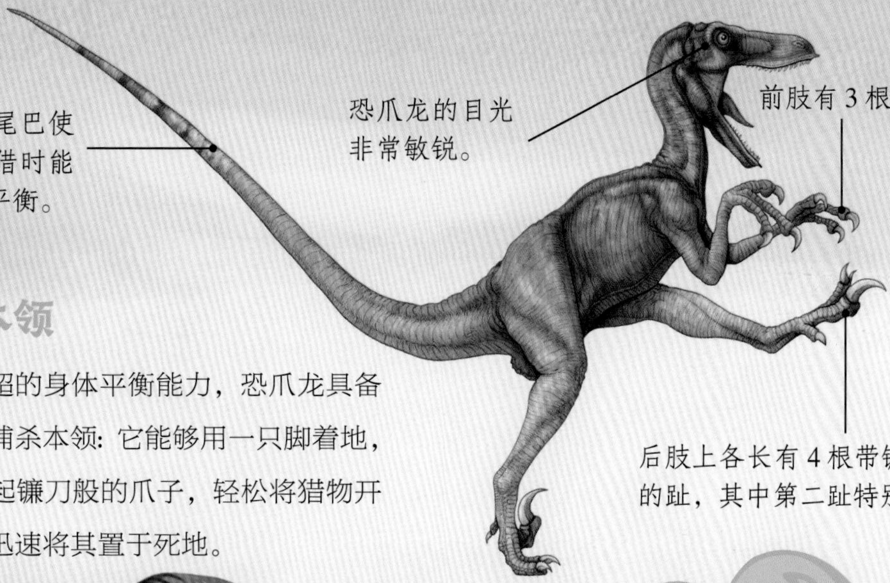

长而有力的尾巴使恐爪龙在捕猎时能很好地保持平衡。

恐爪龙的目光非常敏锐。

前肢有 3 根带利爪的趾。

后肢上各长有 4 根带镰刀状利爪的趾，其中第二趾特别长。

独特的本领

凭借高超的身体平衡能力，恐爪龙具备一套独特的捕杀本领：它能够用一只脚着地，另一只脚举起镰刀般的爪子，轻松将猎物开膛破肚，并迅速将其置于死地。

恐爪龙奔跑的速度并不慢，每小时可以跑出 10 千米。

知识卡片

- **分布**：北美洲
- **时间**：白垩纪早期
- **分类**：兽脚类
- **体形**：长 2.5 米 ~ 4 米
  高约 1.5 米
- **体重**：50 千克 ~ 75 千克

南方巨兽龙

Giganotosaurus

在白垩纪中期的南美洲，也许只有南方巨兽龙敢于袭击庞大的阿根廷龙。南方巨兽龙是地球历史上最厉害的掠食者之一。

知识卡片

- **分布**：南美洲
- **时间**：白垩纪晚期
- **分类**：兽脚类
- **体形**：长 14 米左右
- **体重**：约 8 吨

比祖先更强悍的杀手

南方巨兽龙的祖先是侏罗纪时期最著名的杀手——异特龙，不过它比异特龙大了很多。南方巨兽龙有着强健的后腿。发达的腿部肌肉使得南方巨兽龙拥有出众的奔跑速度，而长尾巴则能起到平衡和转向的作用，使它在奔跑时可及时变换姿势。

成为霸主的“秘技”

南方巨兽龙的嘴里长满了 10 厘米 ~ 12 厘米长的锋利牙齿。它还具有高超的捕猎技能。这些条件使南方巨兽龙毫无疑问地成了恐龙时代南方大陆的霸主！

身材比例不好

如果按照腿长、身高、体长的比例来计算，南方巨兽龙算是最矮的肉食性恐龙之一，它的体形比暴龙小。

南方巨兽龙骨架

头大的恐龙？

南方巨兽龙具有兽脚类恐龙中最大型的头骨，它的头骨长度在 1.63 米 ~ 1.75 米之间，虽然比较长，但很窄，算是狭长的。南方巨兽龙长着一口薄而锋利的牙齿，这使得它撕咬起对手来很有杀伤力。

棘龙 Spinosaurus

棘龙是一种身躯庞大、性情凶狠的肉食性恐龙。之所以出名，是因为在它的背部有一个巨大的帆状物。这个大“帆”由几根巨大的长神经棘支撑，中间由肌肉和皮肤连接着。

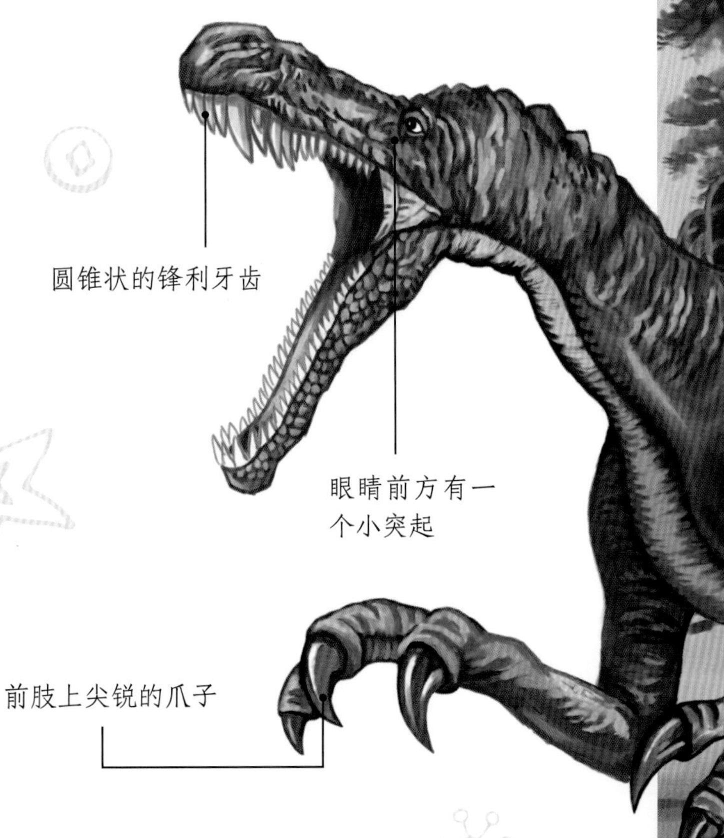

神奇的“帆”

科学家认为，棘龙背上的帆状物可能是调节体温的工具：在阳光下吸收热量，并通过血液循环将热量传遍全身；在酷热的季节，则帮助释放多余热量，以降低体温。

细微特征

棘龙的口中长满了圆锥状的锋利牙齿，但牙齿边缘没有锯齿。眼睛前方有一个小型突起物。帆状物完全不能收拢，也不能折叠，这决定了它不可能击败或吃掉大型恐龙。否则，猎物在挣扎的过程中很有可能会弄破它的“帆”。

知识卡片

- **分布**：非洲
- **时间**：白垩纪中、晚期
- **分类**：兽脚类
- **体形**：长12米~17米
- **体重**：4吨~6吨

会游泳的肉食性恐龙

科学家一直无法确定棘龙是否会游泳，直到2014年，一具棘龙化石在摩洛哥境内的撒哈拉沙漠中被发掘出来，这具新化石成为棘龙是半水生肉食性恐龙的充足证据。专家发现棘龙的身体比例十分奇怪，后肢比一般的肉食性恐龙要短，脚上的爪子十分宽大，脚掌更是如同桨叶的形状，这与在陆地生活的肉食性恐龙大不相同，具有水生生物的特征。

伶盗龙 Velociraptor

伶盗龙，又称迅猛龙、速龙，它的拉丁文名意思是“敏捷的盗贼”。伶盗龙生活在 8300 万 ~ 7000 万年前的白垩纪晚期。它的化石是由著名古生物学家奥斯本于 1924 年发现的，发现地点位于今天的蒙古国，这是在亚洲发现的第一种驰龙类个体。

形态特征

伶盗龙颌骨上 26 颗 ~ 28 颗大且后缘带有锯齿的牙齿证明了它的实力。伶盗龙是大脑占身体比重最大的恐龙之一，应该是一种非常聪明的恐龙。有的科学家认为，伶盗龙的身体可能覆盖有羽毛。

知识卡片

- **分布**：亚洲、北美洲
- **时间**：白垩纪晚期
- **分类**：兽脚类
- **体形**：长约 2 米
- **体重**：7 千克~15 千克

四肢

伶盗龙的前肢长有3根粗大的趾，趾爪锋利，且能弯曲。它的后肢第2根趾上长有大型的镰刀状的趾爪，跑动时可以向上收起，进攻中又能像折刀一样弹出。伶盗龙的这个趾爪是强悍的攻击武器，长度可达70毫米。

尾巴

伶盗龙的尾椎可以呈“S”形水平弯曲，这显示出它在水平方向有着非常强的活动性。

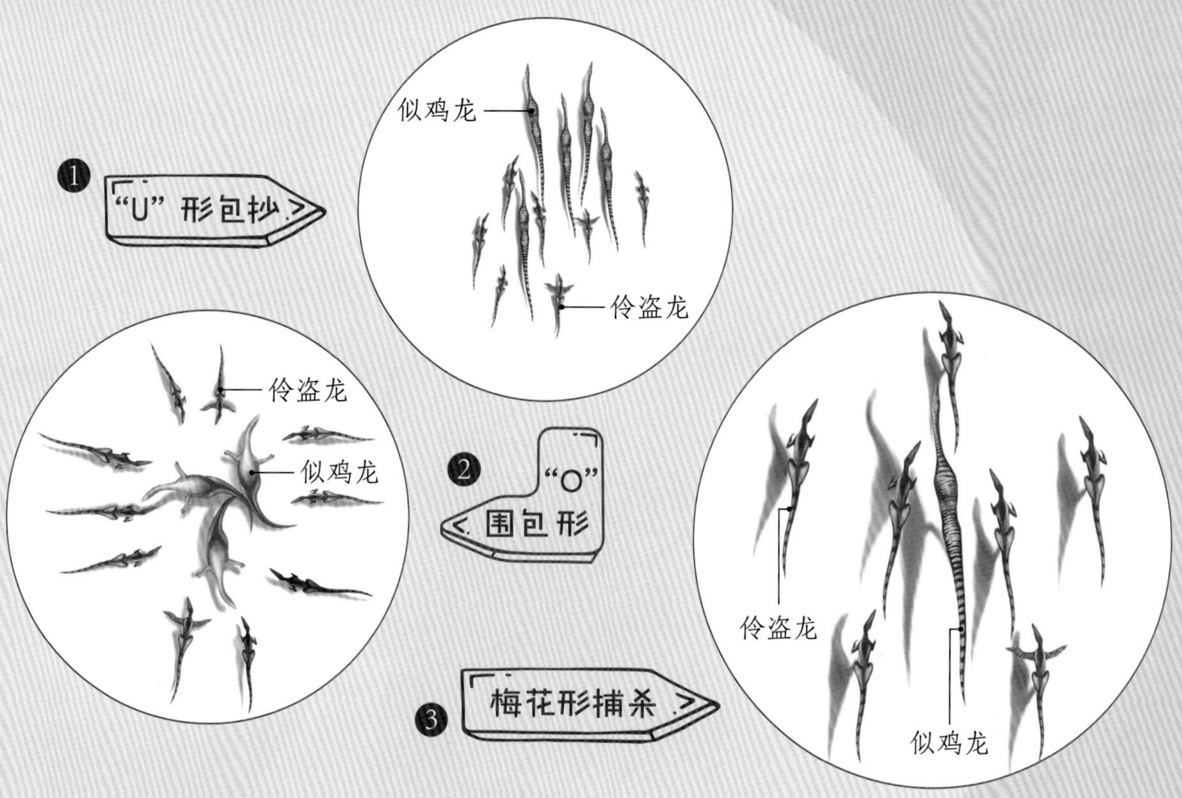

“U”形包抄→“O”形包围——→梅花形捕杀

这是伶盗龙捕猎似鸡龙常用的阵型。因为似鸡龙喜欢在开阔的地方活动，所以伶盗龙群先排出“U”形阵从后面包抄。虽然似鸡龙跑得很快，但比起伶盗龙来还是略逊一筹。接着，伶盗龙群很快地冲进似鸡龙群，找到一个易捕杀的目标，然后变成“O”形阵将其包围起来。

似鸡龙当然不肯束手就擒，它还在乱冲乱撞，企图逃跑。这时，伶盗龙群又将阵形收缩，变成了半径约10米的“梅花阵”。作为“花蕊”的伶盗龙首先跳到似鸡龙身上，照例用“镰刀”爪子猛刺似鸡龙。随后，其他的“花瓣”成员轮番上阵，直到似鸡龙失去反抗能力。

食肉牛龙 Carnotaurus

食肉牛龙是一种古怪的恐龙。作为一种大型肉食性恐龙，它们可能对白垩纪晚期居住在如今南美洲大陆上的植食性恐龙造成了很严重的威胁。

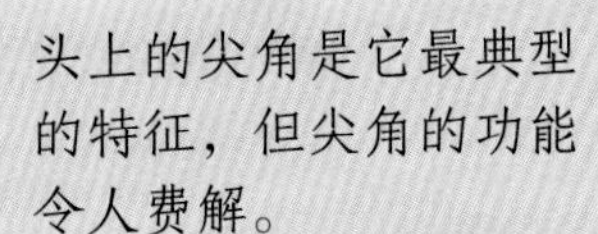

头上的尖角是它最典型的特征，但尖角的功能令人费解。

它的脖子比其他兽脚类恐龙稍长。

背部及体侧都有成排突出的钝鳞。

非常短小的前肢上长有4趾。

长得像公牛

食肉牛龙的头骨上有两块突起，平行长在眼睛上方，看上去类似牛角。科学家目前还不能确定这两只角到底有什么作用，因为它们太短了，根本无法用作攻击的武器。

知识卡片

- **分布**：南美洲
- **时间**：白垩纪晚期
- **分类**：兽脚类
- **体形**：长约 7.5 米
  高约 3 米
- **体重**：约 1 吨

貌似强大

食肉牛龙的长相看似可怕，头部也很厚实，但是它们的下颌修长而细弱，牙齿似乎也不是很坚固，看起来无法对付大型猎物。这些证据表明，看似强大的食肉牛龙很可能是以腐肉为食的。

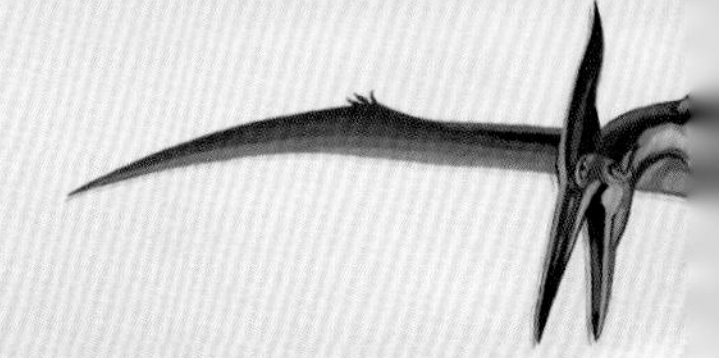

艾伯塔龙 Albertosaurus

艾伯塔龙，因其化石是在加拿大的艾伯塔省被发现而得名。它是霸王龙的近亲，只是体形比霸王龙略小。

形态特征

艾伯塔龙属兽脚类暴龙科成员。它的体形比特暴龙、暴龙这样的暴龙类小，成年的艾伯塔龙长度约 9 米。它的外貌与暴龙科其他恐龙都很相似，粗长的尾巴可以起到平衡头部和身体的作用。它虽长得高高壮壮，却有着极不相称的短小前肢和较长的后肢。它的头骨较大，颈部很短，呈“S”形。

艾伯塔龙头骨

捕猎利器

艾伯塔龙虽然体形比霸王龙小一些，但攻击能力毫不逊色——强壮的颌骨昭示着它有超强的咬合力，60 多颗锋利的牙齿，比霸王龙还要多几颗。

群居的猎手

一般来说，大型食肉动物多是独居的。科学家也曾认为艾伯塔龙是独居恐龙，直到他们在野外地点发现了22具艾伯塔龙的化石，才改变了这一看法。原来，艾伯塔龙是群居的。

惧龙 Daspletosaurus

惧龙，其实就是达斯布雷龙。它性格暴躁，非常凶猛。很多科学家认为惧龙是霸王龙的近亲，并且推测惧龙的攻击力不弱于霸王龙。

形态特征

惧龙的头骨很大，下颌特别厚重，一颗颗锋利的牙齿就像一把把短剑。和霸王龙一样，短小的前肢对于惧龙来说并没有多大用处，强壮有力的后肢才是用以追击猎物的利器。惧龙的后肢肌肉非常发达，爆发力很强，短距离内奔跑速度超快。

发现化石

在化石刚被发现的时候，惧龙被人们认为是蛇发女怪龙，因为它和蛇发女怪龙有太多的相似之处。后来，在加拿大的艾伯塔省，人们发现了 3 具完整的惧龙化石，通过对比这才把它和蛇发女怪龙区别开。

习性

惧龙和霸王龙一样处于食物链的顶端，喜欢捕杀和自己体形差不多的鸭嘴龙类和角龙类。这样恐怖的肉食性恐龙对于植食性恐龙来说，实在是可怕的魔兽。

知识卡片

- **分布**：北美洲
- **时间**：白垩纪晚期
- **分类**：兽脚类
- **体形**：长约 9 米
- **体重**：2 吨 ~ 4 吨

似鸟龙 *Ornithomimus*

似鸟龙的脑袋较小，双腿修长，形态上与一些大型鸟类，如鸵鸟、鹈（tí）鹕（hú）等很相近。似鸟龙有一双很大的眼睛，它具有开阔的视野、良好的视力。它们细长且顶端有尖爪的前肢可以用来捕捉猎物。

到底有没有尾巴

因为人们发现了似鸟龙化石中没有尾椎骨的痕迹，所以有些科学家认为，它根本没有尾巴，而是像鸟儿一样长着一簇长长的尾羽。但是大多数科学家不认同这种说法，因为似鸟龙臀部的构造具有典型的恐龙特征，显示出那儿曾经连接着一条粗壮的尾巴。

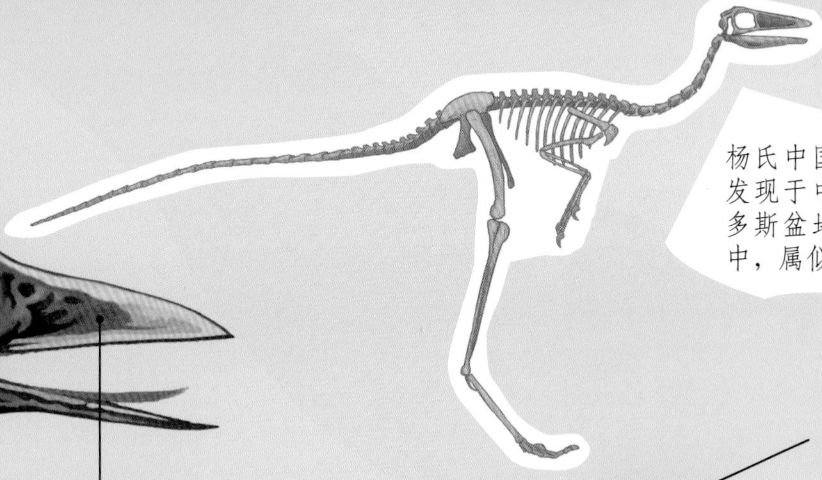

杨氏中国似鸟龙的化石发现于中国内蒙古鄂尔多斯盆地早白垩世地层中，属似鸟龙类。

大眼睛意味着似鸟龙有着开阔的视野。

细长的喙部

似鸟龙属于小型肉食性恐龙，但看上去似乎更像以植物为食的恐龙。

赛跑冠军

似鸟龙身体轻巧苗条，两条后肢修长。科学家推测，奔跑时，它的头可以快速上下摆动，前肢紧贴身体。它的奔跑速度特别快，能躲过当时大多数肉食性恐龙的追捕。

知识卡片

- **分布**：亚洲、北美洲
- **时间**：白垩纪晚期
- **分类**：兽脚类
- **体形**：长约 4 米
  高约 3 米
- **体重**：不详

似鸵龙 Struthiomimus

有这样一种恐龙，它的奔跑速度与一辆飞驰的汽车一样快，它的形态与鸵鸟相似，它的眼睛明亮，视力敏锐，而关于它的食物，至今存在着争议。

体形特征

似鸵龙的拉丁文名的意思是“模仿鸵鸟的恐龙”。它的头部小而修长，颈部和尾巴都很长。它的尾巴并不灵活，在它飞奔的时候，这条尾巴僵直地伸在后面保持平衡。似鸵龙脚上长着平直、细长的爪子。这些爪子就好像跑鞋上的钉子，可以防止它在奔跑时脚下打滑。据推测，似鸵龙的奔跑速度可达到 50 千米 / 时 ~ 70 千米 / 时。

严格地说，似鸵龙算是杂食性恐龙，它主要猎杀小型动物，有时也吃植物的种子和果实。

有争议的食性

科学家对似鸵龙食性的认识一直存在分歧。似鸵龙有一张喙状的长嘴，有人认为它是专吃昆虫、螃蟹或小型爬行动物和小型哺乳动物的肉食性恐龙。但另外一些人认为，它是凭借长长的脖子够食高处植物的植食性恐龙。

窃蛋龙 Oviraptor

1923 年，一支由多国科学家组成的科学考察队在茫茫戈壁上挖掘出一窝被认为是原角龙蛋窝的恐龙蛋化石。他们在这窝蛋的旁边发现一只不知名恐龙的残骸。当时，科学家们认为这是一种专门偷吃恐龙蛋的恐龙，于是给它起了一个不好听的名字——窃蛋龙。

- **分布**：亚洲
- **时间**：白垩纪晚期
- **分类**：兽脚类
- **体形**：长约 2 米
  高约 1.5 米
- **体重**：约 30 千克

沉重的“黑锅”

到了 20 世纪 90 年代，科学家在考察中发现了正在孵蛋的完整的窃蛋龙化石。他们才认识到以前学术界的判断是错误的。窃蛋龙并不是偷蛋的贼，相反，它还会照顾自己的蛋。可惜，根据国际动物命名的优先法则，窃蛋龙的名字不能修改了。

快跑能手

窃蛋龙拥有纤细、中空的骨骼，后腿的小腿骨比大腿骨长，这表明它跑得很快。鸵鸟每小时可以跑 80 千米，科学家估计，窃蛋龙奔跑起来也能达到这个速度，前提是它拥有与鸵鸟相似的生理机能。也就是说，窃蛋龙有可能是温血动物。

霸王龙 Tyrannosaurus

霸王龙也叫“雷克斯暴龙”，这个名字的意思是“暴君蜥蜴”。它是一种巨型肉食性恐龙，但出现较晚，是恐龙灭绝前才出现的恐龙种群之一。

知识卡片

- **分布**：北美洲
- **时间**：白垩纪末期
- **分类**：兽脚类
- **体形**：长 10 米 ~ 15 米
  高约 6 米
- **体重**：6 吨 ~ 18 吨

形态特征

相对于霸王龙强壮的后肢，它的前肢显得很细小，但是前肢上面尖利的爪子同样十分厉害。和大部分肉食性恐龙一样，霸王龙用两足行走，靠又长又重的尾巴来保持身体的平衡。

头部

霸王龙的头骨非常大，最大的霸王龙的头骨有 1.5 米长。它的头骨结构也很有意思：颅骨上有多对孔洞，可控制下颌运动。

称霸一时

霸王龙是白垩纪末期最厉害的肉食性恐龙，以其他大中型恐龙为食物。但是在饿极了的时候，霸王龙也可能捡食腐肉。但不管怎么说，霸王龙都是最大型的肉食性恐龙之一，也是地球陆地上曾经出现过的最大的肉食性恐龙之一。

疯狂恐龙时代

Dinosaur Encyclopedia

第三卷

张玉光◎主编

吉林出版集团股份有限公司

目录

第五章

植食性恐龙的世界

肉食性恐龙一般长有尖利的牙齿，前肢短小，后肢强壮，可以快速奔跑，而植食性恐龙则不一样，它们的牙齿相对比较平整，有的像汤勺，有的像叶片。大型植食性恐龙一般四肢着地，体形庞大，行走速度相对比较缓慢。在恐龙家族中，植食性恐龙才是数量最多的一个类群。

板龙 Plateosaurus

板龙的名字通俗而直白，意为“板状的爬行动物”，或是“宽的蜥蜴”，它是生存在约2.1亿年前三叠纪晚期的古老恐龙，以各类植物的叶子为食。

知识卡片

- **分布**：欧洲
- **时间**：三叠纪晚期
- **分类**：原(基干)蜥脚类
- **体形**：长6米~10米
- **体重**：约4吨

细节特征

板龙的颈部很长，由9节颈椎构成，尾巴至少由14节尾椎构成，用来平衡身体。有人认为，板龙的脑袋上应该有狭窄的颊囊，以防进食时食物溢出嘴巴。

致命弱点

板龙身体庞大，所以在温度高的时候体内的热量就不容易散发出来，这是它的一个致命弱点。当旱季食物缺乏时，板龙会成群地往海边迁徙，在这期间，它们有时会因为酷暑、迷路等原因集体死亡。

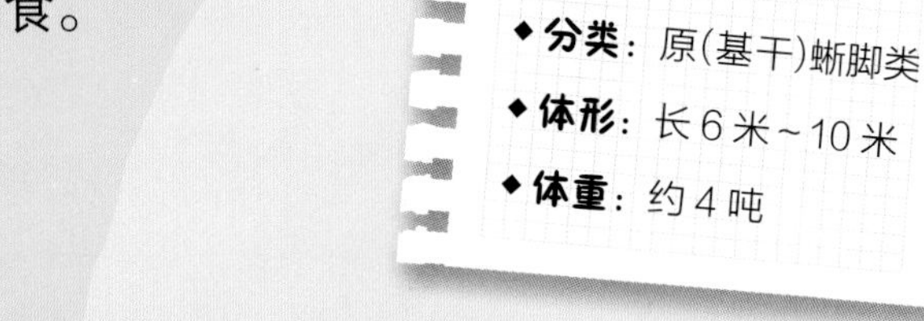

生活习性

别看板龙身躯庞大，一副天不怕地不怕的样子，其实它并不是酷酷的独行侠，而是喜欢成群结队地出行、寻觅食物或水源。我们可以想象，这些庞然大物集体出行的队伍是多么壮观和令人震撼。

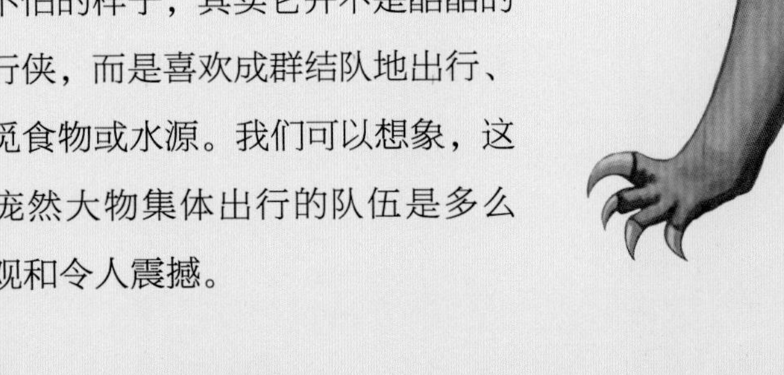

板龙的趾爪

喜欢爬着找食物

板龙是目前已知的最古老的巨型恐龙，在它之前，最大的植食性动物个体体形都不是很大。这个庞然大物出现以后，常常用四肢爬行，四处寻找植物，如果有必要，还会用强壮的后肢撑起身子直立起来。如果想抓住什么东西的话，板龙会弯曲前肢的 5 根趾爪，紧紧地攥住。

板龙前肢的趾和后肢的趾作用差不多，但可以在拿东西的时候用“手”（前肢）抓。

板龙的后肢比较强壮，可以支撑起整个身体。

槽齿龙 Thecodontosaurus

槽齿龙是第四种被命名的恐龙，也是第一种被科学描述的三叠纪时期的恐龙。它们有着叶状的牙齿和锯齿状的牙齿边缘，并且这些牙齿长在齿槽之内，“槽齿龙”的名称便由此而来。

形态特征

槽齿龙头部较小，颈部很长，有巨大的前肢大趾爪、修长的后肢和长尾巴。槽齿龙大部分时间四肢着地，吃长在低矮处的植物；有时也用后肢站立起来，吃长在高处的树叶。它的四肢都长有 5 根趾爪。

知识卡片

- **分布**：欧洲
- **时间**：三叠纪晚期
- **分类**：原始蜥脚类
- **体形**：长 1 米 ~ 2.5 米
高约 30 厘米
- **体重**：约 30 千克

大家族里的小不点儿

槽齿龙的身体比较瘦小，平均体长大约有 1.2 米，高度约 30 厘米，体重约 30 千克。要知道，恐龙家族的许多成员比公共汽车还长，比三四层楼还高，与它们相比，槽齿龙只能算是个小不点儿。

槽齿龙下颌骨化石

黑水龙 *Unaysaurus*

2004 年底，科学家在巴西南部的晚三叠纪地层中发现了距今 2.25 亿年的一种植食性恐龙的化石，这种恐龙被命名为“黑水龙”。有些科学家认为，黑水龙与在欧洲发现的板龙骨骼结构相似，两者可能存在亲缘关系。

因地而得名

在巴西东南部一座地质公园内发现的黑水龙化石保存得相当完好，还包括一个完整的头骨。由于该恐龙发现地的名字意为“黑水流淌的地方”，故而它被命名为“黑水龙”。

特殊意义

黑水龙是目前已知最古老的拥有长脖子和长尾巴的恐龙。研究者认为，黑水龙可能是雷龙和梁龙的祖先，比它们早出现数千万年，并与很多在欧洲发现的早期原始蜥脚类具有相似性。

神秘的巴西

巴西全境都分布有史前生命的遗迹。在巴西南部，人们曾发现过十分古老的蜥脚类恐龙化石。

农神龙 Saturnalia

古老的恐龙

农神龙又叫萨特恩纳利亚龙，生存在三叠纪晚期。目前，人们对这种恐龙的了解极其有限，发掘出的农神龙化石数量也非常少，仅有部分骨骼与牙齿化石被发现。

农神龙的来历

农神龙的模式标本是 1999 年冬季在巴西发现的。因为其中的一些化石是在古罗马传统的农神节期间发现的，所以它被命名为“农神龙”。

农神龙生活在约 2.3 亿年前，是世界上最古老的恐龙之一。

体形特征

农神龙是一种早期蜥脚类恐龙，也是人们至今发现的最古老的恐龙之一。与较晚期的蜥脚类恐龙不同，农神龙的身材纤细，这一点非同寻常，至今人们仍没法解释其中的原因。

生活习性

农神龙是性情温和的植食性恐龙。它们身材矮小纤细，几乎没有任何防御能力，在遇到危险和天敌的时候，往往会丧失掉逃命的机会，成为那些大型肉食性恐龙或其他大型爬行动物的“盘中餐”。一般植食性爬行动物都具有较庞大的躯体，农神龙是其中比较特殊的例子。

知识卡片

- **分布**：南美洲
- **时间**：三叠纪晚期
- **分类**：蜥脚类
- **体形**：长约 1.5 米
- **体重**：不详

鞍龙 Sellosaurus

鞍龙是原（基干）蜥脚类恐龙，生活在距今约2.25亿年前的三叠纪晚期，其化石发现于德国。

知识卡片

- 分布：欧洲
- 时间：三叠纪晚期
- 分类：原(基干)蜥脚类
- 体形：长约7米
  高约2米
- 体重：约1吨

化石的发现

鞍龙的第一块化石发现于1908年。此后，陆续有人发现鞍龙的骨骼化石。到目前为止，人们已经发现超过20具鞍龙的骨骼化石，这个数量已经足以让科学家对其进行深入系统的研究了。

鞍龙与板龙

鞍龙看起来跟板龙相似。不过，鞍龙具有形状不同的前、后牙齿，这一点与板龙不同。两者的演化关系到目前为止还没有定论。

前肢与后肢

鞍龙的后肢比前肢强壮许多，遇到高处的枝叶，它便用强健的后肢撑起整个身子，再用前肢锋利的趾爪勾住高处的树叶。如果遇到危险临近，这个大家伙的前肢趾爪会向内弯曲攥紧，呈现紧张的防御状态。

鼠龙 *Mussaurus*

鼠龙曾经被认为是最小的恐龙，但它长得可并不像老鼠。1979 年，科学家发现了几具鼠龙化石。这些鼠龙的化石都缺少尾巴部分，体长只有 20 多厘米，跟老鼠差不多大，因此就被叫作“鼠龙”。后来人们才发现，这些只是鼠龙的幼体化石。其实，成年鼠龙能长到 2 米 ~ 5 米长，体重超过 70 千克。

有趣的特征

鼠龙样子的变化比较有趣：在幼年的时候，它的脑袋和眼睛都显得大大的，鼻子圆圆的，一副可爱的样子；可是到了成年后，鼠龙就长成了小脑袋、小眼睛和尖鼻子的模样。

鼠龙的食性

幼年时期的鼠龙，模样可爱，发育迅速，尤其是头部、眼睛和四肢发育得最快。在其后的成长过程中，它经常吃各种蕨类、苏铁类和羊齿类植物。那时候，由松、柏、银杏等植物共同组成的大森林是它最喜欢的觅食地。

知识卡片

- **分布**：南美洲
- **时间**：三叠纪晚期 ~ 侏罗纪早期
- **分类**：蜥脚类
- **体形**：幼体长约 0.2 米，成年体长 2 米 ~ 5 米
- **体重**：70 千克 ~ 120 千克

禄丰龙 Lufengosaurus

禄丰龙化石是在中国发现的第一具完整的恐龙化石。它属于原（基干）蜥脚类，是后来巨大的植食性恐龙的祖先。在发现地云南省禄丰县（今禄丰市），禄丰龙的化石数量众多、种类齐全，具有很高的学术研究价值。

知识卡片

- **分布**：亚洲
- **时间**：侏罗纪早期
- **分类**：原(基干)蜥脚类
- **体形**：长 5 米 ~ 6 米
  高约 2 米
- **体重**：不详

吃树叶的禄丰龙

有趣的长尾巴

禄丰龙拖着一条长长的尾巴，十分显眼。据科学家研究，禄丰龙的长尾主要起平衡身体前部重量的作用，以便头和脖颈能够自如地抬起。而且，禄丰龙的尾巴和两条后肢组成了一个稳定的三角支架，可以支撑它沉重的身体。

警惕性很强

禄丰龙生活在浅水地带，喜欢去水边寻找鲜嫩的植物叶子或柔软的藻（zǎo）类。它多是以两足弓背而行，但在进食或休息时，前肢也会落在地面辅助后肢和头部的活动。禄丰龙警惕性很强，时时刻刻引颈四望，小心提防着肉食性恐龙的进攻，一旦发现险情，便会赶紧逃向密林深处。

牙齿与后肢

禄丰龙的牙齿比较细小且不尖锐，前后边缘呈锯齿状，便于磨碎和吞食食物。它的后肢比较强健，大腿骨比小腿骨要长一些，前肢的长度大约是后肢的一半。它的脚上有 5 根趾，趾端有粗大结实的爪。

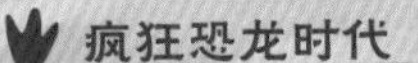

莱索托龙 *Lesothosaurus*

莱索托龙是一种小型恐龙。它是个灵巧的小个子，后肢修长，擅长奔跑。因为个子小，莱索托龙只能吃些低矮的植物。

小个头

莱索托龙身长不超过 1 米，体重约 10 千克，这实在让人无法将它与恐龙的身份联系起来。但是，小巧的体形赋予了它灵活敏捷的特点，连身体结构也表现出了良好的平衡性。也正是因为这样，它才能在危机四伏的生态环境里生存下来。

快速的奔跑者

莱索托龙前肢相当短小，生有 5 根趾，第五趾特别细小；后肢长而有力，有着发达的肌肉和骨骼，并长有 4 根趾。由此可以推断，莱索托龙应该特别善于奔跑。加上它身材小巧，动作敏捷，因此更可能是快速、灵活的奔跑者。

警觉的家伙

莱索托龙的化石出土于南非境内，人们在一个洞穴里还曾发现两只莱索托龙挤在一起的化石标本。要知道，莱索托龙可是随时保持着高度警觉，就连吃东西也会不停地抬头张望，小心提防着潜伏在暗处的肉食性恐龙。

小盾龙 Scutellosaurus

为了躲避肉食性恐龙的追捕，植食性恐龙也在不断进化，它们有的跑步速度越来越快，有的则长出了坚硬的“铠甲”。小盾龙就是身披“铠甲”的恐龙族群中的一员。它身材小巧，后肢较短，尾巴格外长，身体低伏地贴近地面，靠一身“铠甲”保护自己免受伤害。

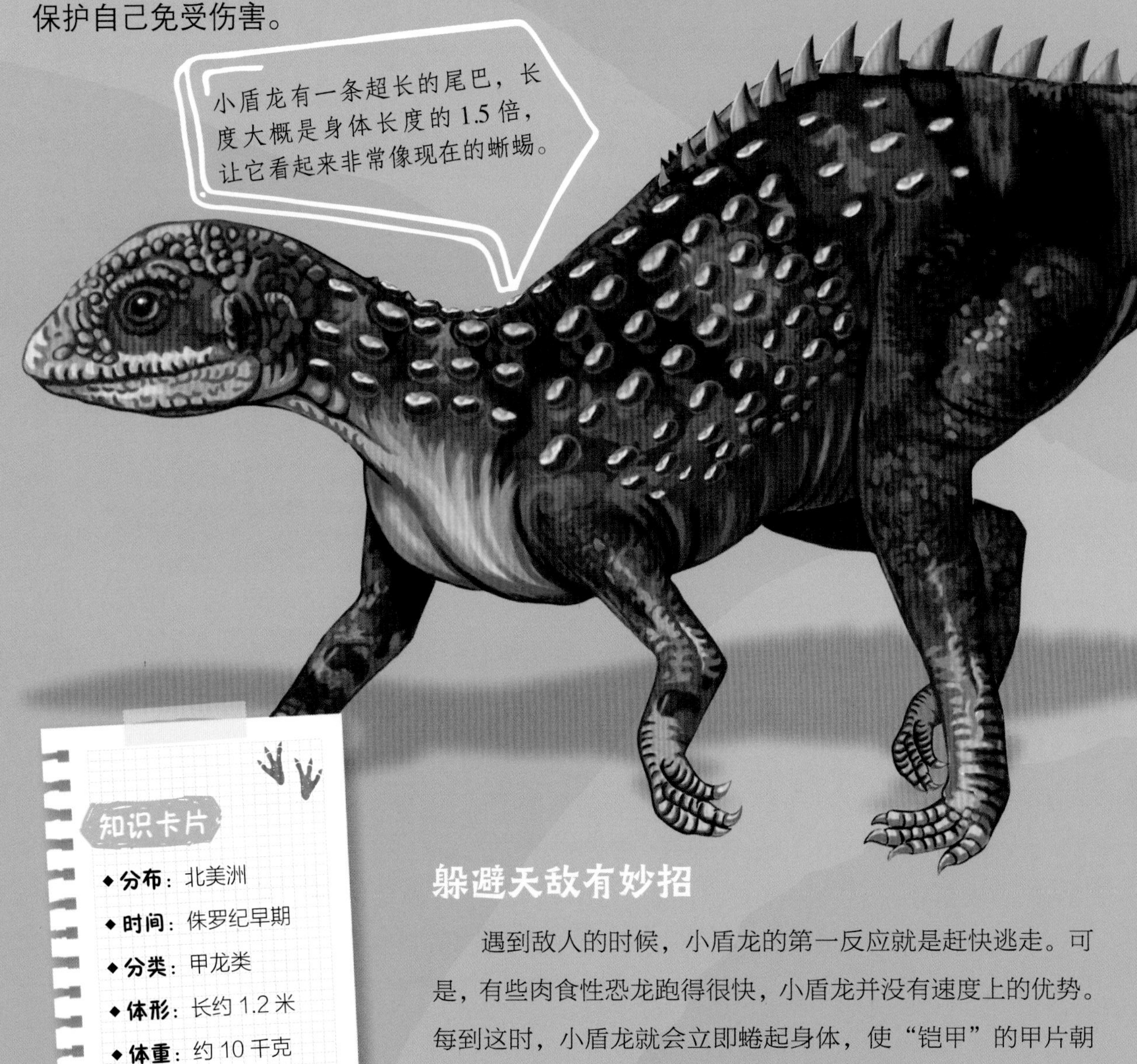

知识卡片

- **分布**：北美洲
- **时间**：侏罗纪早期
- **分类**：甲龙类
- **体形**：长约1.2米
- **体重**：约10千克

躲避天敌有妙招

遇到敌人的时候，小盾龙的第一反应就是赶快逃走。可是，有些肉食性恐龙跑得很快，小盾龙并没有速度上的优势。每到这时，小盾龙就会立即蜷起身体，使“铠甲”的甲片朝外张开，这样，捕食者就会因无法下口而放弃它。

吓人的“铠甲”

小盾龙的“铠甲”是覆盖了整个身体的坚硬骨板和骨刺。这样的全副武装，相信大多数捕食者见到都会望而却步。在穿山甲身上，我们就可以看到和小盾龙类似的装备。

个头小，胆子也小

小盾龙喜欢生活在茂密的丛林里，喜欢吃那些鲜嫩多汁的低矮植物。可能是因为个头小，身体不够强壮的缘故，它胆子也很小，吃东西时总是东张西望，有点儿风吹草动便会匆忙地蹿跃几下，消失在密林深处。

盐都龙 Yandusaurus

盐都龙是较原始的鸟脚类恐龙，由于化石发现于中国四川的千年“盐都”自贡，因此被命名为“盐都龙”。它的眼睛很美，又大又圆。盐都龙常年生活在灌木丛中，是杂食性恐龙。

知识卡片

- 分布：亚洲
- 时间：侏罗纪中期
- 分类：鸟脚类
- 体形：长 1 米 ~ 3 米
- 体重：7 千克 ~ 140 千克

盐都龙的长尾巴

盐都龙短而高抬的头上，有一张短嘴巴。

盐都龙的后肢比例协调，十分适合奔跑。

盐都龙——恐龙家族中的奔跑健将

科学家测量了盐都龙的小腿骨与大腿骨的长度，计算出它们的比值非常利于奔跑，因此科学家们一致认为盐都龙善于奔跑，甚至连今天的鸵鸟可能都不是它的对手。它可以称得上是恐龙家族中的奔跑健将了。

鸿鹤盐都龙

盐都龙分为多齿盐都龙和鸿鹤盐都龙两种。鸿鹤盐都龙的个子要大一些，生活在水边的平原地带。鸿鹤盐都龙的前肢虽然只有后肢的一半长，但无论是抓取植物的枝叶还是捕捉小动物都很灵活。

鸿鹤盐都龙骨架图

多齿盐都龙

多齿盐都龙的幼体体长约 1.2 米，头小吻短，上、下颌牙齿较多，前肢短小，后肢细长，平时多用两足行走，跑起来灵活敏捷，常常出没于灌木丛中。它属于杂食性恐龙，喜欢吃鲜嫩的绿色植物，有时也捕食一些小型动物。

蜀龙
Shunosaurus

蜀龙生活在侏罗纪中期，化石发现于中国四川地区，由于这里古时叫“蜀”而得名。它主要生活在河畔、湖滨地带，以柔嫩多汁的植物为食，喜欢群居。它是短脖子植食性恐龙向长脖子植食性恐龙过渡的中间类型。

知识卡片

- **分布**：亚洲
- **时间**：侏罗纪中期
- **分类**：原始蜥脚类
- **体形**：长 9 米 ~ 12 米
- **体重**：约 3 吨

挑食的蜀龙

蜀龙的牙齿有些呈树叶状，有些呈勺状，边缘没有锯齿。这样的牙齿无法咀嚼较硬的植物枝叶。所以，蜀龙对食物很挑剔，一般只吃那些柔软的植物。

独特的防身武器

为了防御肉食性恐龙的袭击，蜀龙演化出了自己独特的护身武器——它尾部的最后 4 个尾椎进化成了棒状的尾锤。当肉食性恐龙向它发动攻击时，它就挥舞尾锤，把敌人吓跑。

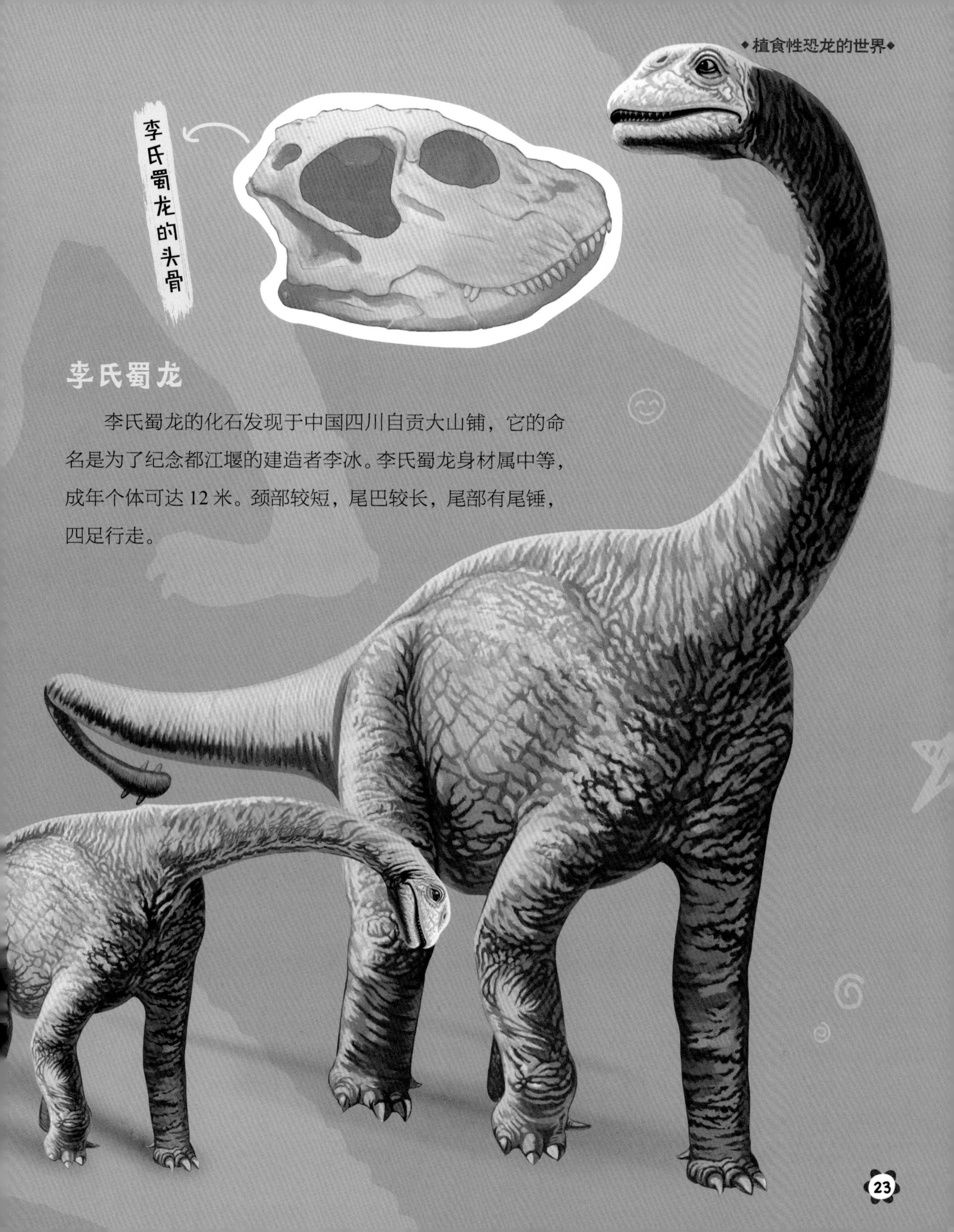

李氏蜀龙

李氏蜀龙的化石发现于中国四川自贡大山铺，它的命名是为了纪念都江堰的建造者李冰。李氏蜀龙身材属中等，成年个体可达 12 米。颈部较短，尾巴较长，尾部有尾锤，四足行走。

鲸龙 Cetiosaurus

鲸龙的身体非常庞大，体重可达 27 吨。要支撑起如此庞大的身躯，必须有粗壮的四肢才行。鲸龙的一根股骨就有 2 米多长，比一个成年人还要高出许多。由于前肢和后肢差不多长，所以，鲸龙的背部基本是水平的。

被误会的鲸龙

最初发现鲸龙化石时，人们以为这是一只巨大的海洋动物，所以给它取了这个名字。后来，科学家们才发现，鲸龙是在陆地上生活的。因此，叫它“鲸龙”实际上是个小小的误会。

曾被误以为是鳄鱼

1840 年，古生物学家理查德 · 欧文发现了鲸龙的部分骨骼化石。当时，欧文认为它具有鳄鱼的特征，把它定义为海里的巨大鳄鱼。直到 1869 年，经过另一位古生物学家托马斯 · 亨利 · 赫胥黎的多方考证，鲸龙才被归入恐龙家族。

知识卡片

- **分布**：非洲、欧洲
- **时间**：侏罗纪中期到晚期
- **分类**：蜥脚类
- **体形**：长14米~18米
- **体重**：24吨~27吨

抬不起头

别看鲸龙的身体很长，但它的脖子却不太灵活，只能在小范围内左右晃动。所以，它只能低头喝水，或者吃那些长得低矮的蕨类植物和一些小型多叶灌木，而对于那些生长在高处的美食，只有远远望着咽口水的份儿。

峨眉龙 Omeisaurus

峨眉龙是一种中型长脖子蜥脚类恐龙，它主要活动在今天的中国四川一带。峨眉龙的化石最早是1939年在峨眉山附近被发现的，它由此得到了这个名字。

引以为傲的长脖子

峨眉龙的颈椎无论是在数量上还是长度上，都属于蜥脚类恐龙中的佼佼者——它颈椎的长度可达背椎长度的3倍！而它多达17节的颈椎数量，也让一般恐龙望尘莫及。

生活习性

峨眉龙牙齿前端有锯齿，是一种植食性恐龙。在那个时期，峨眉龙是中国地区最常见的蜥脚类恐龙之一。它们喜欢群居，经常把家安在内陆湖泊的边缘。

种类划分

峨眉龙被分为 6 个不同的种类，这 6 个种类皆以发现地来命名，分别是荣县峨眉龙、峨眉龙、釜溪峨眉龙、天府峨眉龙、罗泉峨眉龙和帽山峨眉龙。其中，个头最小的是釜溪峨眉龙，体长大约 11 米；颈部最长的是天府峨眉龙，颈长大约 9.1 米。

天府峨眉龙

天府峨眉龙是生活于侏罗纪中期的一种体形较大的恐龙，体长 12 米 ~ 14 米，高 5 米 ~ 7 米，头骨高度为长度的一半。它的颈椎很长，所以脖子显得特别长，最长的颈椎为最长背椎的 3 倍。尾部有尾锤。

天府峨眉龙的头骨

峨眉龙的颈椎有 17 节。

峨眉龙的四肢粗壮有力。

知识卡片

- **分布**：亚洲
- **时间**：侏罗纪中期到晚期
- **分类**：蜥脚类
- **体形**：长 10 米 ~ 20 米
- **体重**：10 吨 ~ 30 吨

梁龙 Diplodocus

梁龙是蜥脚类恐龙中体形比较庞大的一种。它们的头很小，看起来很像马头，口腔的前端有像耙子一样的牙齿。它们的身体比较笨重，所以要有粗壮的四肢才能够支撑。梁龙有长长的脖子，还有用来平衡身体的长尾巴。

知识卡片

- 分布：非洲、欧洲、北美洲
- 时间：侏罗纪晚期
- 分类：蜥脚类
- 体形：长约 27 米
- 体重：6 吨 ~ 20 吨

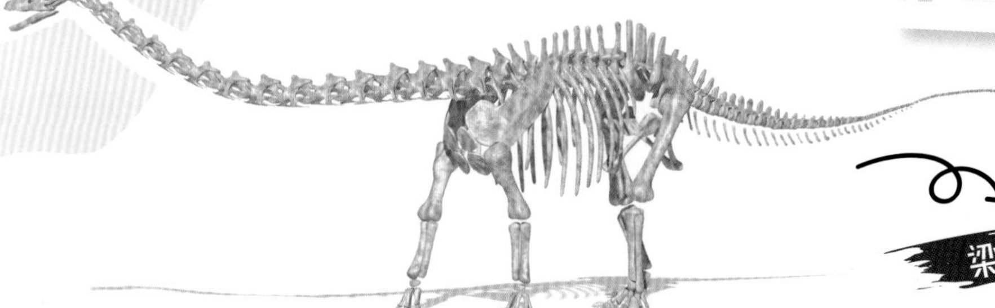

梁龙的骨架

从水栖到陆栖

起初，古生物学家们认为梁龙可能生活在水里，依靠水的浮力来支撑体重。1951 年以后，有人提出了反对意见，认为蜥脚类动物浸在水里时，由于胸部水压过大，会令自己不能呼吸。自此以后，人们开始对梁龙适应的生存环境提出了质疑。1970 年以后，包括梁龙在内的蜥脚类恐龙被认为是以植物为食的陆地动物。

脚趾里藏着“刀”

在自我防御时，梁龙前肢内侧脚趾上有一个弯曲而锋利的爪。它就像弯刀一样，能在一瞬间划伤进攻者。人们推测，它的脚底可能也有能将脚趾垫起来的脚掌垫，就像人类的鞋后跟一样，可以帮助梁龙在行走时支撑沉重的身体，减缓压力。

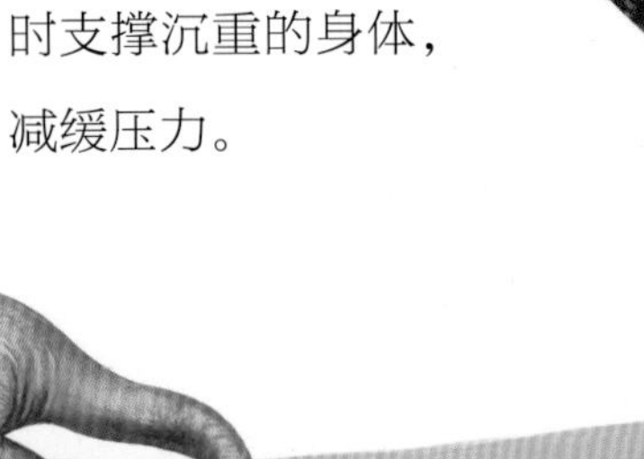

对付敌人的绝招

梁龙体形庞大，行动迟缓，敌人来了可怎么办呢？不用担心，科学家认为，梁龙面对敌人有自己的绝招。它们能用强有力的尾巴抽打敌人，迫使敌人放弃进攻。另外，它们还能用后肢站立，用尾巴作为支撑，然后用巨大的前肢来自卫。

马门溪龙

Mamenchisaurus

马门溪龙是生活在侏罗纪晚期的蜥脚类恐龙。它在蜥脚类恐龙演化史上属中间过渡类型，是已知曾经生活在地球上的脖子最长的动物。

强大的天敌

永川龙是一种大型肉食性恐龙，也生活在侏罗纪晚期，是马门溪龙的天敌。当二者相遇时，永川龙的进攻利器是一排排锋利的牙齿和又弯又尖的利爪，平衡利器则是那条长长的尾巴，遇此强敌，马门溪龙不宜硬拼，唯有寻机逃跑方为上策。

标志性的长脖子

如果让马门溪龙站在网球场的中央，那么它的头和尾巴都会“出界”。马门溪龙之所以这么长，脖子“功不可没”。它的脖子有 9 米 ~ 14 米长，差不多占了体长的一半。因为脖子特别长，所以它行动十分缓慢。

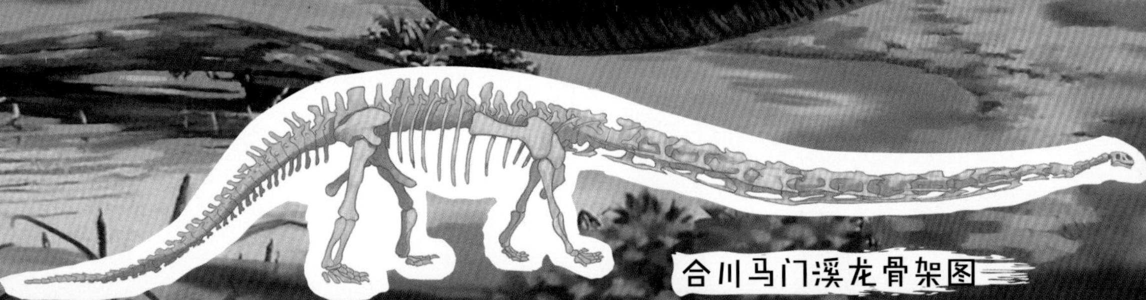

合川马门溪龙骨架图

合川马门溪龙

合川马门溪龙是马门溪龙属的一个种，它的化石于 1972 年发现于今天的重庆市合川区。合川马门溪龙的身体长 22 米，背高 3.5 米，颈长 9 米，重约 30 吨，躯体十分笨重。

知识卡片

- **分布**：亚洲
- **时间**：侏罗纪晚期
- **分类**：蜥脚类
- **体形**：长 22 米～26 米
- **体重**：11 吨～30 吨

巴洛龙 Barosaurus

巴洛龙生活于侏罗纪晚期，它的名字的意思是“笨重的蜥蜴”。巴洛龙与梁龙有很多相似的地方，但从比例上说，它的尾巴比梁龙短，脖子比梁龙长。

头部

直到今天，人们还没有发现巴洛龙的头部化石。因此在制作巴洛龙的模型时，科学家们只能依靠推测。

巴洛龙是恐龙家族中的“巨无霸”，当它用后腿站起来的时候，身高能达到 5 层楼的高度。

颈部有空洞

巴洛龙的颈部由16节以上的颈椎支撑着，脊椎有的长达1米，椎体上分布着深深的空洞，以便减轻脖颈的重量。如果没有这些空洞，它会被那长长的脖子压得抬不起头。

不止一颗心脏

巴洛龙的脖子太长了，如果要把血液送到头部，它必须有一颗重达1吨以上的心脏。然而，1吨多重的心脏跳动速度会非常慢，所以，科学家们猜测，巴洛龙很可能有多颗心脏，“接力”完成输送血液的工作。

鞭子状长尾巴

巴洛龙还有一条长长的鞭状尾巴，人们推测这条尾巴的末端较容易弯曲，同时指明一点：不管尾巴是否容易弯曲，它必须重到能和长颈达到平衡，否则巴洛龙就无法正常站立。

知识卡片

- **分布**：非洲、北美洲
- **时间**：侏罗纪晚期
- **分类**：蜥脚类
- **体形**：长23米~27米
- **体重**：11吨~18吨

腕龙 Brachiosaurus

在电影《侏罗纪公园》里，那些在河里伸着脖子长啸，却并不攻击人类的可爱大恐龙，就是腕龙了。腕龙可算得上明星级的恐龙，因为它们背负了“最大”和“最重”两个“恐龙之最”。

知识卡片

- **分布**：北美洲、非洲
- **时间**：侏罗纪晚期
- **分类**：蜥脚类
- **体形**：长 22 米 ~ 25 米
高约 12 米
- **体重**：30 吨 ~ 80 吨

超长的脖子

腕龙是侏罗纪时期的庞然大物，它因拥有粗壮的四肢和长颈鹿一样的长脖子而闻名。腕龙可以像起重机一样伸长脖子，从四层楼高的大树上扯下叶子，或低头用凿子一样的牙齿撕碎低矮的蕨类植物。

斜着抬起脑袋

人们曾以为腕龙的脖子可以向上 90° 垂直抬起，但后来研究表明它的脖子只能抬到 50° 左右，比较标准的姿势就是头颈部斜向上方抬起，而且也不会抬举太久，因为那不利于血液输送。

腕龙有条长尾巴，这也使它行走起来十分不便。

巨大的食量

腕龙需要吃大量的食物，以满足它庞大身体的能量需求。一只大象每天能吃大约 150 千克的食物，而腕龙每天要吃掉 200 千克 ~ 400 千克的食物！

在有水的地方活动

尽管有粗壮的四肢支撑着庞大的身体，但腕龙依旧行动不便，尤其是在躲避肉食性恐龙袭击的时候，更是有心无力。为了减轻身体的重量，也为了增加逃生的机会，它们比较喜欢在有水的地方活动，这样可以依靠水的浮力来减轻体重与躲避危险。

哈氏梁龙
Diplodocus

如果你身处恐龙时代，在现今北美洲的位置，就能够看到哈氏梁龙群扬起阵阵尘土，在远古的荒原中缓缓走过。感受着它们那硕大的脚掌在地面上踏动时产生的一下又一下的颤动，你会感到“哈氏梁龙”这个名字太形象了，你更会觉得这种动物是多么威武雄壮。

有力的武器

哈氏梁龙的长尾巴可以帮助它抵御敌人的来犯。这厉害的尾巴还可以用来支撑它庞大的身体，因此，它的另一种自卫方式便是以尾巴支撑身体重量，用前肢来进行战斗。

体长冠军

哈氏梁龙是恐龙世界中的体长冠军，是超大恐龙的代表。第一具哈氏梁龙化石是 1979 年在美国新墨西哥州被发现的，保留有尾巴、臀部、背部和四肢，一些科学家认为它只是一只长得过大的梁龙。不过，与梁龙比起来，哈氏梁龙具有更长的尾巴和更粗壮的盆骨。

不漂亮的外貌

和庞大的身体比起来，哈氏梁龙的脑袋实在小得可怜。它的鼻子长在头顶上，牙齿长在上下颌的前部，口腔内没有牙齿。每只脚上生有 5 根脚趾，其中 1 根脚趾上长着利爪。这个家伙吃植物叶子的动作很粗鲁，从来不咀嚼，而是直接将其吞下去。

懒散的妈妈

哈氏梁龙妈妈很懒，就算将要生蛋了也从不做窝，常常是一边走路一边产蛋，一个个恐龙蛋就这样掉在路上。它也不去照顾自己的孩子，任由蛋里的小生命自生自灭。

圆顶龙 Camarasaurus

看多了高大威猛的长脖子恐龙，你会不会有那么一点点“审美疲劳”了呢？所以，体格相对矮小敦实的圆顶龙也是时候出场了。它是北美洲最著名的恐龙之一，生活在侏罗纪晚期开阔的平原上。

知识卡片

- **分布**：北美洲
- **时间**：侏罗纪晚期
- **分类**：蜥脚类
- **体形**：长 7 米 ~ 20 米
- **体重**：18 吨 ~ 30 吨

圆顶龙的体形特征

圆顶龙是腕龙的一个分支，虽然体形比腕龙小，但身材更为粗壮。它的头又圆又大，同其他大型蜥脚类等植食性恐龙相比，它的脖子要短得多。

拱形头骨

圆顶龙最大的特点是拱形头骨，它的头骨上开孔比较大，两个鼻孔分别位于头骨的两侧，口中长有比较粗大的勺形牙齿，若是牙齿磨损坏了，圆顶龙还能长出新牙。它的腿骨粗壮圆实，很适合承受它那巨大的体重。

圆顶龙粗壮的尾巴

圆顶龙化石

古生物学家曾发现由两只成年圆顶龙和一只幼龙骨骼化石组成的化石群，这表明圆顶龙是以家庭或族群为单位集体活动的。另一些发现显示圆顶龙蛋化石分布随意，并非整齐地排列在巢穴中，由此可见，圆顶龙可能并不会照顾幼龙。

剑龙 Stegosaurus

剑龙是一种行动迟缓的植食性恐龙，是剑龙科中体形最庞大的成员。剑龙的体长像一辆公共汽车，但头却小得出奇，是已知头部相对于身体最小的恐龙之一。

剑龙的外形特征

剑龙从颈部沿背脊至尾巴，在中部生长着两排三角形的骨板。有人认为这些骨板可以用来调节体温，又有人认为它们可用于御敌，还有人认为这些骨板可起到一种炫耀作用。

剑龙的牙齿

剑龙前部的喙嘴没有牙齿，只在两侧有些小牙。这些小牙呈三角形，缺乏研磨面，所以剑龙用这些牙齿研磨食物的可能性不大。

像一座拱起的小山

剑龙的前肢比后肢短，前肢有 5 根脚趾，后肢有 3 根脚趾。它走路时采用四足方式，整个身体看起来就像一座拱起的小山。由于受到前肢的限制，这座“小山”行走的速度并不快，速度不超过 6 千米 / 时。

能吃到多高的植物？

行走时，剑龙的尾部高出地面许多，而头部则比较接近地面，离地距离大约有 1 米。有人据此推断，它只能吃到 1 米高的植物。但也有人认为，剑龙有可能会依靠后肢站立起来，它也就可以吃到高出地面五六米的植物。

剑龙尾巴末端的 4 根长达 50 厘米的骨质尾刺是它与对手战斗时的有力武器。

钉状龙 Kentrosaurus

钉状龙与剑龙同属剑龙科，而且它们生活在同一时期——侏罗纪晚期，但是它的个头可比剑龙要小很多。它用粗短的腿支撑起沉重的身躯，啃食地面上低矮的灌木。

知识卡片

- **分布**：非洲
- **时间**：侏罗纪晚期
- **分类**：剑龙类
- **体形**：长 2.5 米 ~ 5 米，高约 1.5 米
- **体重**：不详

刺猬一样的外形

与剑龙相比，钉状龙身上的骨板已经有了进一步的变化——从脊背到尾巴的两排骨板，形状逐渐变长、变窄、变尖。双肩或者后肢两侧还长出了一对尖刺。钉状龙的骨刺是它防身的武器。

另一个大脑

钉状龙的身材在恐龙家族中算不上魁梧，可它的头就更小了。据推测，它的大脑只有核桃那么大。如此小的大脑可能无法控制庞大的身体。因此，科学家猜测，在它的臀部附近或许还有一个较大的“第二脑”，用于控制后肢和尾巴的神经，其他剑龙科恐龙也可能如此。

铲状颊齿

剑龙科的牙齿比较复杂，有些牙齿较小，磨损面也比较平坦，颌部只能做上下运动。钉状龙的颊（jiá）齿显得与众不同，呈现为独特的铲状，牙齿边缘还有7个突起的小尖齿，很适合将蕨类等低矮植物磨碎后吞下。

勤劳的觅食者

由于身材相对矮小，钉状龙不可能与其他高大的植食性恐龙去争抢食物。不过不用担心，这个家伙很会寻找食物，就算到了干旱季节，它也总有办法找到湿润土壤中生长出的植物。人们曾以为钉状龙只能吃一些低矮植物的叶子和水果，但现在还有另一种说法：大多时候它是四足状态，不过也有可能挺立起后肢，吃到稍高处的树枝和绿叶。

橡树龙 Dryosaurus

橡树龙是一种温和的植食性恐龙，生活在侏罗纪晚期，它的化石最早发现于北美洲。由于个子不高，橡树龙可以很方便地在树林里四处活动。它们喜欢成群结队地生活在一起，相当于恐龙时代树林里的“鹿群”。

知识卡片

- **分布**：北美洲、非洲、欧洲
- **时间**：侏罗纪晚期
- **分类**：禽龙类
- **体形**：长2.7米~4.3米
- **体重**：70千克~100千克

橡树龙的头骨化石

成年和幼年的区别

橡树龙属于群居恐龙，成年橡树龙和幼年橡树龙常常一起出行。成年橡树龙的后肢比前肢要健壮许多，行走或奔跑时采用典型的两足方式。但是，古生物学家经过合理推测，认为幼年橡树龙的前肢比较发达，可能会采用四足行走的方式。

橡树龙的眼睛很大，眼眶前面有一根特殊的骨头支撑起眼球和眼睛周围的皮肤。

形态特征

橡树龙拥有长而有力的后肢，奔跑速度很快。它的前肢较短，前肢上长有 5 根趾爪。橡树龙拥有喙状嘴和颊齿。有些科学家推断，橡树龙咀嚼时，将食物置于口颊部。它的眼睛比较大，鼻孔上侧没有其他恐龙几乎都有的骨梁横架。

跑得快，会转弯

当遭遇肉食性恐龙的袭击时，橡树龙第一反应便是逃！它是个快跑能手，当然会施展自己的拿手绝技，那双强健的后肢行动起来不亚于敏捷的小鹿，而且会在急速转弯时使用坚挺的长尾巴来保持身体的平衡。凭借这一绝招，橡树龙不止一次地逃出了敌人的魔爪。

弯龙 Camptosaurus

弯龙生活在侏罗纪晚期到白垩纪早期，它的学名意思是“可弯曲的蜥蜴”，因为当弯龙以四足站立时，身体会形成一个拱形。

禽龙的近亲

弯龙是最原始的禽龙类恐龙之一，由法布劳龙进化而来。而后弯龙中的一部分又进化成了禽龙。

形态特征

弯龙的体形较大，庞大的躯体上有一个小而多肉的脑袋，身后拖着一条粗尾巴，显得十分笨重。它的前肢比较短，上面长有 5 根趾头，但没有禽龙那样的钉子状大趾。弯龙的后肢比前肢要长很多，后肢上有 4 根趾头。

弯龙

灵活的颌部关节

从化石足迹可以判断，弯龙既可以两足行走，也可以四足行走。它那张鹦鹉般的喙嘴特别适合吃苏铁类植物，尤其是颌部关节非常灵活，可使颊部前后移动，因此，上、下颊齿便可毫不费力地研磨树叶等食物。

禽龙 Iguanodon

在经过漫长的进化后，白垩纪时期的禽龙已经不再像长脖子恐龙那样，把植物吞进肚子里，再吃进石块帮助消化，而是细嚼慢咽。可以说，禽龙每天的主要任务就是寻找和咀嚼食物。

知识卡片

- **分布**：欧洲、非洲、亚洲
- **时间**：白垩纪早期
- **分类**：鸟脚类
- **体形**：长 9 米 ~ 10 米　高 3 米 ~ 4 米
- **体重**：不详

爱竖“大拇指”

禽龙的前肢很灵活，最有特点的是它的“大拇指”。这个“大拇指”非常锋利，就像一把匕首，是它的御敌武器。为了保护自己，禽龙总是竖着“大拇指”，随时准备刺向靠近它的敌人。

变换行走方式

禽龙成群地生活在灌木林中，比它们的前辈聪明。科学家认为，禽龙可能用脚趾走路，就像现在的猫一样。当被敌人追捕时，它们能跑得很快，速度可达 35 千米 / 时。

可替换的牙齿

禽龙的牙齿是可以不断替换的，因此它们可以磨碎并咀嚼坚硬的植物。由于禽龙上下颌的前端缺乏牙齿，形成了钝状的边缘，可能会覆盖角质，非常便于咬断树枝。再加上禽龙的小趾纤细又灵活，可以帮助钩取食物。

规模最大的禽龙化石群

19 世纪后期，比利时一处煤矿坑里发掘出目前世界上规模最大的禽龙化石群。该化石群包括 38 个禽龙个体，而且大部分为成年个体。这组禽龙化石群后来得以在比利时皇家自然博物馆中公开展览，其中小部分为站立的姿态，大部分为出土时的埋藏形态。

尾羽龙 Caudipteryx

尾羽龙生活在白垩纪早期，它出现在侏罗纪晚期的始祖鸟之后。尾羽龙在中国发现得比较多。它是一种兽脚类恐龙，虽然大多数兽脚类恐龙是肉食性的，但很多人认为它是植食性或杂食性恐龙，因为人们曾在尾羽龙化石中发现了胃石。

身披不同的羽毛

尾羽龙身体表面覆盖着不同类型的羽毛。比较短的羽毛是极细小的绒毛，可以起到保暖的作用；前肢和尾巴的羽毛长达 15 厘米 ~ 20 厘米，这种羽毛很像具有飞行能力的鸟类羽毛，但是尾羽龙并不能飞翔。

不寻常的身体

尾羽龙上颌前端有少数锐利的牙齿；身体轻巧，前肢上长着较长的 3 根趾头，而且趾端有爪；后肢长而粗壮，有类似鸟爪一样的趾。科学家推测，尾羽龙的奔跑速度应该很快。

知识卡片

- **分布**：亚洲
- **时间**：白垩纪早期
- **分类**：兽脚类
- **体形**：长 0.7 米 ~0.9 米
- **体重**：不详

邹氏尾羽龙

1997 年，科学家在中国辽宁省北票市发现邹氏尾羽龙化石。邹氏尾羽龙体长 1.2 米左右，头部短，仅在前颌骨上发育长且呈钩状的牙齿。邹氏尾羽龙脖子比较长，由 12 节颈椎组成，身躯由 9 节脊椎组成，尾椎约 22 节，尾巴末端长着一簇羽毛。

镰刀龙 *Therizinosaurus*

镰刀龙生活在白垩纪晚期，是一种外形奇特的兽脚类恐龙。它的最大特征就是前肢上巨大的趾爪，一些镰刀龙身上可能覆盖着原始的羽毛。

不能快速奔跑

镰刀龙的大腿比小腿长，足部短宽，不能像其他恐龙那样快速奔跑，只能轻快地行走，或者可以慢跑。

一度被当成大乌龟

20 世纪 40 年代，在蒙古国境内发现了镰刀龙的第一具化石，当时人们认为它属于某种类似乌龟的大型爬行动物。直至20 世纪 50 年代，人们又发现了更多的趾爪、肋骨、前肢、后肢和牙齿的相关化石，古生物学家们才得以组合出镰刀龙的骨骼形态，并将其归类于恐龙，而非乌龟。

多功能的爪子

有人认为镰刀龙的巨爪可以用来自卫或争夺配偶；有人认为它能用巨爪挖开蚁巢取食，类似今天的大食蚁兽；还有人认为镰刀龙会用巨爪拉下树枝吃树叶。

可怕的巨爪

镰刀龙的两条前肢长有 6 根镰刀状的巨大趾爪。根据测量，镰刀龙的前肢大约有 2.5 米长，而它的趾爪就有 75 厘米长——就像割草的镰刀一样。

懒爪龙 Nothronychus

懒爪龙与大名鼎鼎的镰刀龙同属镰刀龙科，是它远在北美洲的亲戚。作为镰刀龙科恐龙的一员，懒爪龙的身体结构也异于大部分植食性恐龙。

知识卡片

- 分布：北美洲
- 时间：白垩纪晚期
- 分类：兽脚类
- 体形：长 4.5 米 ~ 6 米
  高 3 米 ~ 3.6 米
- 体重：约 1 吨

身体特征

人类对于懒爪龙的了解比较模糊。据有限的资料显示，懒爪龙的头部比较小，颈部细长而瘦削，身体可以直立起来，可能布满羽毛，一双粗大的后肢可以支撑起身体。它很可能会用又尖又长的趾爪拉下树枝吃树叶。

名字的由来

懒爪龙的前肢上长有巨大的爪子，它的爪子和巨型地懒（生活在冰河时期的一种行动迟缓的哺乳动物）的爪子很像，懒爪龙也因此而得名。

怪异的“身世”

懒爪龙生活的时代和地区在恐龙生存史上都是相对空白的，科学家至今对那一时代及地区知之甚少。有科学家认为，懒爪龙可能与霸王龙同宗，但懒爪龙是植食性恐龙。

懒爪龙的名字在
希腊语中意思是“超大的
树懒”，因为它的外形和
树懒这种动物有些相似。

包头龙 Euoplocephalus

全面保护装置

甲龙类的身上都披着或薄或厚的“铠甲”，而包头龙连眼睑（jiǎn）上都长着骨质甲片呢！这些骨板排列有序，每一片都牢固地嵌在皮肤里，所以包头龙身体的大部分表面都得到了很好的保护。除此之外，包头龙和其他许多甲龙一样，身上还长着尖尖的甲刺，有的甲刺可达10多厘米长，令肉食性恐龙无从下口。

有力的武器——尾巴

包头龙的尾巴又粗又硬，尾端还有一个沉重的尾锤。包头龙甩动尾巴的力量很大，谁要是被它的尾锤击中了的话，立即就会被打断骨头，受到致命的伤害。

包头龙的鼻子结构复杂，科学家认为它的嗅觉非常灵敏。

致命的弱点

包头龙只有腹部没有任何装备，要想伤害它只能设法将其翻转过来，使其露出腹部，可谁能掀翻这样的庞然大物呢？人们也只能想到可怕的暴龙了。

大型化石群

在加拿大和美国一共发现了至少 40 具包头龙化石。这些化石包括 15 块头骨、牙齿及 1 具接近完整的骨骼与甲片，其中最常见的是包头龙身后那个很有杀伤力的大尾锤。

知识卡片

- **分布**：北美洲
- **时间**：白垩纪晚期
- **分类**：甲龙类
- **体形**：长 6 米~7 米
- **体重**：2 吨~3 吨

三角龙 Triceratops

三角龙是进化出的时间最晚的恐龙之一，它是白垩纪晚期的恐龙代表。三角龙是一种大型角龙类恐龙，因它头上的3只尖角而得名。它的样子令人联想起现在的犀（xī）牛。

知识卡片

- **分布**：北美洲
- **时间**：白垩纪晚期
- **分类**：角龙类
- **体形**：长8米~10米
- **体重**：6吨~12吨

颈盾的用途

三角龙这么大的颈盾有什么用呢？目前关于这个问题主要有以下两种推测：一是出于基本的求偶需求，二是有助于调节体温。此外还有证据表明，三角龙的颈盾与角在幼年时期即开始发育，有可能是某种视觉辨识物。

长在鼻头上短而锋利的鼻角

恐龙之最

三角龙的头很大，颈盾长度超过2米，它是头骨最大的陆生恐龙之一。

别看它四肢粗壮笨重，但奔跑速度一点儿也不慢。

不停地长牙

三角龙有数百颗牙齿，其中只有少部分被使用。三角龙不断地长出新牙，取代那些折断、掉落的旧牙。

冥河龙 Stygimoloch

冥河龙生活在白垩纪晚期，体形与习性都很像今天的野山羊。它有坚硬的圆形头顶，像戴了一顶安全帽，头顶周围布满了锐利的尖角，看起来似羊非羊，似鹿非鹿。

知识卡片

- **分布**：北美洲
- **时间**：白垩纪晚期
- **分类**：肿头龙类
- **体形**：长约 2.4 米
  高约 1 米
- **体重**：不详

可怕的长相

冥河龙在肿头龙类中长相最吓人。1983 年，人们在美国的地狱溪取出一具冥河龙的部分头骨，该头骨形状很像当地传说中的恶魔。

头顶与尖角的用处

冥河龙过着群居生活，有人推测，为了决定由谁来做首领，雄性冥河龙要进行撞头比武。也有人认为，冥河龙撞头是为了争夺配偶。不论怎样，冥河龙坚硬的头顶都是用来和对手相互撞击的。它们颈和背上的骨头排列紧密，可以承受撞头时产生的震荡。关于冥河龙头上的尖角，有一种猜测认为，冥河龙可能会将其扭绞在一起，相互推撞。

如何防御敌人进犯

科学家们在冥河龙的栖息地发现了霸王龙等大型肉食性恐龙的踪迹。这表明，过着群居生活的冥河龙需要站岗放哨、担任警卫任务的成员，一旦有凶猛的肉食性恐龙进犯时，它们要保护小冥河龙迅速撤离。

阿根廷龙 Argentinosaurus

在侏罗纪，地球上生活着许多大型植食性恐龙。但到了白垩纪，这些大个子恐龙就不怎么常见了。不过，有一种叫阿根廷龙的泰坦巨龙类恐龙，白垩纪时仍然很逍遥地生活在南美洲大陆上。

蜥脚类恐龙的幸存者

白垩纪初期，地球的气候发生了很大变化，许多大型蜥脚类恐龙消亡了。而这时，南美洲正漂移至赤道附近，保持着适宜的气候和生态环境，阿根廷龙在这里继续进化着。

科学家们根据腿骨化石计算，推测阿根廷龙的体重接近100吨，它可能是地球历史上已知的最大的陆地动物。

好大的阿根廷龙

阿根廷龙比侏罗纪时的蜥脚类巨龙更高大，它的身高超过 10 层楼！它吃树叶应该也不太容易，因为身高已经远远超出了一棵树的高度。所以，当进食时，它需要低着头才能吃到树顶的叶子。

知识卡片

- **分布**：南美洲
- **时间**：白垩纪晚期
- **分类**：蜥脚类
- **体形**：长 30 米～40 米
- **体重**：80 吨～100 吨

CHAPTER

第六章

恐龙的亲戚们

在恐龙称霸地球的时代，还有很多名字里带“龙”字的远古生物，它们同样在地球上生活得很滋润。比如仅脖子就长达8米的薄板龙、号称“海洋杀手”的幻龙、眼睛巨大的大眼鱼龙等。它们虽然也是“龙”字辈，但并不属于恐龙家族，顶多算是恐龙的“远房亲戚”。

薄板龙 Elasmosaurus

蛇颈龙是已灭绝的蛇颈龙目海生爬行动物的统称，它们出现在三叠纪晚期，到侏罗纪时已遍布世界，于白垩纪末期灭绝。薄板龙是最典型的蛇颈龙，它的名字来源于它骨盆里的板状骨头。薄板龙生活在距今 8500 万～6600 万年前的白垩纪晚期。

超长的脖子

薄板龙是已知身体最长的蛇颈龙，一般长 15 米以上，脖子的长度就达 8 米。它的颈部有超过 70 节的颈椎，超过了其他任何动物。它的头部、颈部极可能有控制方向的功能。长长的颈部可使鱼群不容易发现它。它还可以通过摆动长颈扩大攻击范围，从而猎食动物。

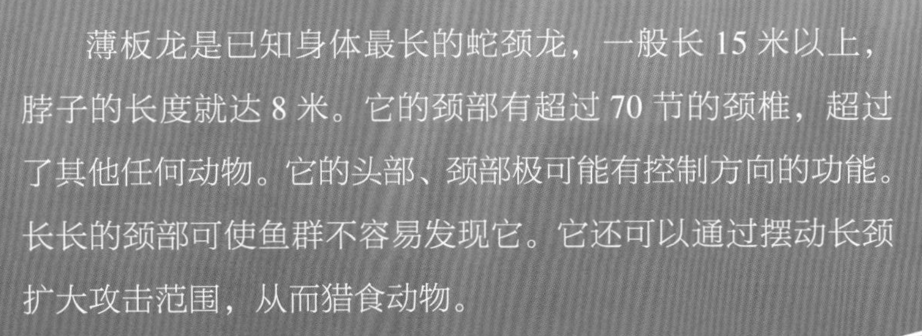

脖子长是好是坏?

薄板龙的长脖子有好处，也有坏处，最大的坏处就是转得慢而且转动幅度小。别看这家伙能悄悄混进鱼群里猎食，但是如果附近出现凶猛的沧龙，它那根长脖子根本来不及带动小脑袋转动，同时也会令庞大的身体调动起来非常困难。在这种情况下，庞大的薄板龙很可能会死于沧龙之口。

狩猎的薄板龙

性情古怪的家伙

薄板龙算是蛇颈龙中样子和习性都比较古怪的一类了。它的游泳速度很慢，或许会以跟踪的方式猎食鱼群。薄板龙还喜欢潜泳到海床底部找一些小鹅卵石来吃。被它吞食的鹅卵石既可以帮助它消化食物，还可以增加它的体重，让它得以在海底自由行动。

幻龙 Nothosaurus

幻龙属是三叠纪时期的一种鳍龙目海生爬行动物。它们体形大小不一，小的仅几十厘米，大的长达 6 米。有一种巨头幻龙，被称为“海洋杀手”。

水陆两栖

尽管幻龙是水栖动物，但它们非常喜欢到陆地上来晒太阳。到了繁殖季节，雌性幻龙会到海滩上产卵。有人曾在海岸边及岸上的洞穴中发现幻龙的幼年个体化石，也证明了这一推测。

形态特征

幻龙有一张长满了钉状尖牙的大嘴巴，尾巴扁长，四肢粗短，四肢上长着脚趾和蹼，样子有点儿像鳄鱼。它以鱼类、菊石等头足类动物、小爬虫等为食。

喜马拉雅鱼龙
Himalayasaurus

鱼龙最早出现在 2.5 亿年前，约 9000 万年前灭绝。在遥远的三叠纪晚期，喜马拉雅山地区还是一片汪洋大海，海里生活着一种体长达 10 米的巨大鱼龙，人们叫它喜马拉雅鱼龙。

生活习性

喜马拉雅鱼龙嘴巴里长满了尖利的牙齿，达 200 多颗。按理说，这些牙齿足以让它们磨碎美味了，然而科学家又在它们的体内发现了圆圆的胃石。看来，喜马拉雅鱼龙对食物的消化程度要求很高。它们性情凶猛，主要以海洋鱼类和其他无脊椎动物为食。

喜马拉雅鱼龙的身体呈纺锤形，外形很像今天的海豚。科学家推测，喜马拉雅鱼龙可以长到 15 米到 16 米长，体重可以达到 30 吨。

繁殖方式

喜马拉雅鱼龙是典型的水生动物，不能像幻龙那样回到岸上，在沙土中产卵。科学家在喜马拉雅鱼龙化石中发现了尚未降生的小鱼龙。其中，有条小鱼龙的头正位于鱼龙妈妈的骨盆位置上，正好是这条小鱼龙即将诞生的时刻！由此，科学家们知道了鱼龙是卵胎生的动物，它们的卵在体内孵化，小鱼龙从卵里孵出后才离开母体。

海洋里的游泳健将

当那片茫茫雪山还是辽阔海洋的时候，喜马拉雅鱼龙已成为海中的游泳健将。它的头部长而尖，吻部细长，眼睛大而圆，身体呈纺锤状，四肢呈桨状，宽阔的肩部顺势缩向窄小的尾部。这令它看起来有些像海豚和鲨鱼的结合体，也注定了它的游速在当时的海洋中无可匹敌。

大眼鱼龙 Ophthalmosaurus

大眼鱼龙的眼窝直径约有 10 厘米，相对于 3.5 米的体长来说，这眼睛实在是可观。流线型的身体帮助它以 9 千米 / 时的速度在侏罗纪的海洋中游弋。

大眼睛的作用

科学家认为大眼鱼龙可能生活在深海中，或是在夜间捕食，它的大眼睛很可能是为了在黑暗中捕捉微弱的光线而进化出来的。

繁殖后代

到了繁殖季节，大眼鱼龙就聚集到浅海生产。大眼鱼龙以胎生方式繁殖后代，和现在的海豚一样，大眼鱼龙宝宝也是尾巴先离开母体。出生后的大眼鱼龙宝宝会马上远离母体，防止被母体捕食。

会不会跳出水面?

在外形上，大眼鱼龙与海豚有一个明显的不同之处：前者的尾钩呈垂直形，后者的尾钩呈水平形，这表明大眼鱼龙可能不会像海豚那样跳出水面凌空蹿跃。那么，它真的不会在海面上跳跃吗？从飞快的游速来看，它应该也会跳跃。海豚跳跃是为了甩掉身上的寄生虫，它可能也会出于相同的原因跳出水面。

史前世界术语一览表

序号	术 语	释 义
1	白垩纪时期	1.45亿~6600万年前的这段地质时代。恐龙在白垩纪末期灭绝。
2	板块	地球岩石圈的构造单元，由海岭、海沟等构造带分割而成。全球共分为六大板块。
3	沉积物	沉积在陆地或水盆地中的由母岩风化作用、生物作用等产生的碎屑物、沉淀物或有机物质。
4	沉积岩	分为3个基本类型，多呈层状，大部分在水中形成。当泥沙的碎屑在河床或海床沉积下来，并逐渐地转变成坚硬的岩石，就形成了沉积岩。
5	地壳	地球坚硬的外表层，它与上地幔相连，组成了板块。
6	断层	由于地壳的变动，岩层发生断裂并沿断裂面发生相对位移，由此形成的地质构造。
7	发掘	挖出埋藏在地下的东西。
8	泛大陆	存在于中生代初期的巨型大陆。它逐渐地瓦解、漂移，形成了今天的七大洲。
9	海沟	深度超过6000米的海底狭长形凹地。它是海洋板块和大陆板块相互作用的结果。
10	海岩	形成于海洋底部的沉积岩。
11	化石	由于自然作用而保存于地层中的古生物的遗体、遗迹等的统称。
12	进化	某个物种经过长期的变化以适应环境的过程。这种过程十分缓慢，它由一系列的细小变化组成。

序号	术 语	释 义
13	两栖动物	一类最原始的陆生脊椎动物，既有适应陆地生活的新性状，又有从鱼类祖先那里继承下来的适应水生生活的性状。例如青蛙。
14	灭绝	某个物种的生物全部死亡。物种灭绝总是缓慢发生的，其过程甚至要历经上百万年。
15	迁徙	为了过冬或寻找食物等，在每年的某个固定时期，动物从一个地方迁移到另一个地方的行为。
16	侵蚀	逐渐侵害使之变坏。如岩石或土壤被海洋、河流、气候或动植物的活动消损的现象。
17	肉食性动物	以其他动物为食物的动物。
18	三叠纪时期	2.5亿~2.00亿年前的这段地质时代。
19	头冠	动物头顶上长有的角质脊突。
20	物种	生物分类的基本单位，不同物种的生物在生态和形态上具有不同特点。
21	小行星	太阳系中，沿椭圆形轨道绕太阳运行，体积小，从地球上肉眼不能看到的行星。大部分小行星的运行轨道在火星和木星之间。
22	行迹	行动留下的痕迹。本书中特指恐龙的足迹。
23	岩浆	地壳下面含有硅酸盐和挥发成分的高温熔融物质，是形成多数岩浆岩和内生矿床的母体。
24	陨石坑	高速冲击地面的陨星爆炸后形成的坑穴，一般呈圆形。
25	植食性动物	以植物为食物的动物。
26	种群	同种生物在特定环境空间和特定时间内的所有个体的集群。
27	侏罗纪时期	2.00亿~1.45亿年前的这段地质时代。

* 以上词条按拼音首字母顺序排列。